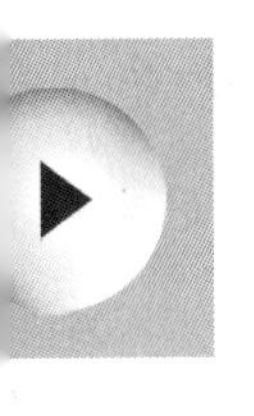

国际设计新风尚系列丛书

Amusing Space Design

趣味空间设计

众为国际 编

本书展示了多个颇具创意的趣味空间设计案例，这些设计案例来自于优秀的平面设计师和室内设计师。在这些设计案例中，设计师将具有创意的设计元素整合统一，互相搭配，创造出视觉效果强烈的趣味空间，使空间更加生动活泼。本书为读者带来全新的视觉感受，为设计师提供全新的设计理念和思路，启发设计思维，有较高的学习参考价值。

图书在版编目（CIP）数据

趣味空间设计 / 众为国际编 . —北京：机械工业出版社，2013.8
（国际设计新风尚系列丛书）
ISBN 978-7-111-42962-3

Ⅰ . ①趣…　Ⅱ . ①众…　Ⅲ . ①室内装饰设计—案例　Ⅳ . ① TU238

中国版本图书馆 CIP 数据核字（2013）第 133427 号

机械工业出版社 (北京市百万庄大街 22 号 邮政编码 100037)
策划编辑：赵　荣　责任编辑：赵　荣
责任印制：乔　宇　封面设计：张　静
北京画中画印刷有限公司印刷
2013 年 7 月第 1 版第 1 次印刷
169mm × 239mm ·　17.25印张 ·　330 千字
标准书号：ISBN 978-7-111-42962-3
定价 : 69.00 元

凡购本书 , 如有缺页、倒页、脱页 , 由本社发行部调换

电话服务	网络服务
社服务中心：（010）88361066	教材网：http: //www.cmpedu.com
销售一部：（010）68326294	机工官网：http: //www.cmpbook.com
销售二部：（010）88379649	机工官博：http: //weibo.com/cmp1952
读者购书热线：（010）88379203	**封面无防伪标均为盗版**

前 言

在我们日常生活中，几乎处处都有设计的身影存在。我们工作的办公室、生活居住的宅院、休闲娱乐的商场、出行乘坐的交通工具、身上穿戴的服装首饰……可以说设计在我们身边抬头可见、触手可及。正是设计的存在改变着我们的生活方式，提升着我们的审美以及视觉享受，真所谓——设计无处不在。

中国设计近些年从各个方面取得了很大的进步，在国际上的地位和影响力不断得到提升，与国际间的交流也越来越频繁、越来越密切。设计本身就是一种语言，是没有国界的，好的设计就应该被一起分享、彼此欣赏、共同成长。

我们本着交流分享的心态收录了来自中国、英国、美国、意大利、西班牙、新加坡、日本等国家和中国香港、中国台湾等地区的知名设计师工作室的优秀作品。他们以不同的风格、不同的文化、不同的理念，诠释共同的主题——设计。

我们衷心地希望这一系列丛书的出版能给广大设计师朋友们带来帮助和参考，为中国设计事业的发展尽一点微薄之力。

编者

Contents 目录

时尚老人的家居空间

本项目设计的主要目的是为一位65岁的老妇人设计她的家居生活空间，这位老人爱好颇多，交友广泛。

色彩多姿的墙面插画和纽扣完美结合在一起，组成了立体画面，为生活注入了更多的新鲜感受。每天清晨，阳光通过墙面上的光洁纽扣在屋内折射开来，形成一幅美妙愉悦的画面。

客户：Natalia Atzeva

设计公司：Gemelli Design Studio

设计师：Branimira Ivanova，Desislava Ivanova

摄影师：Desislava Ivanova

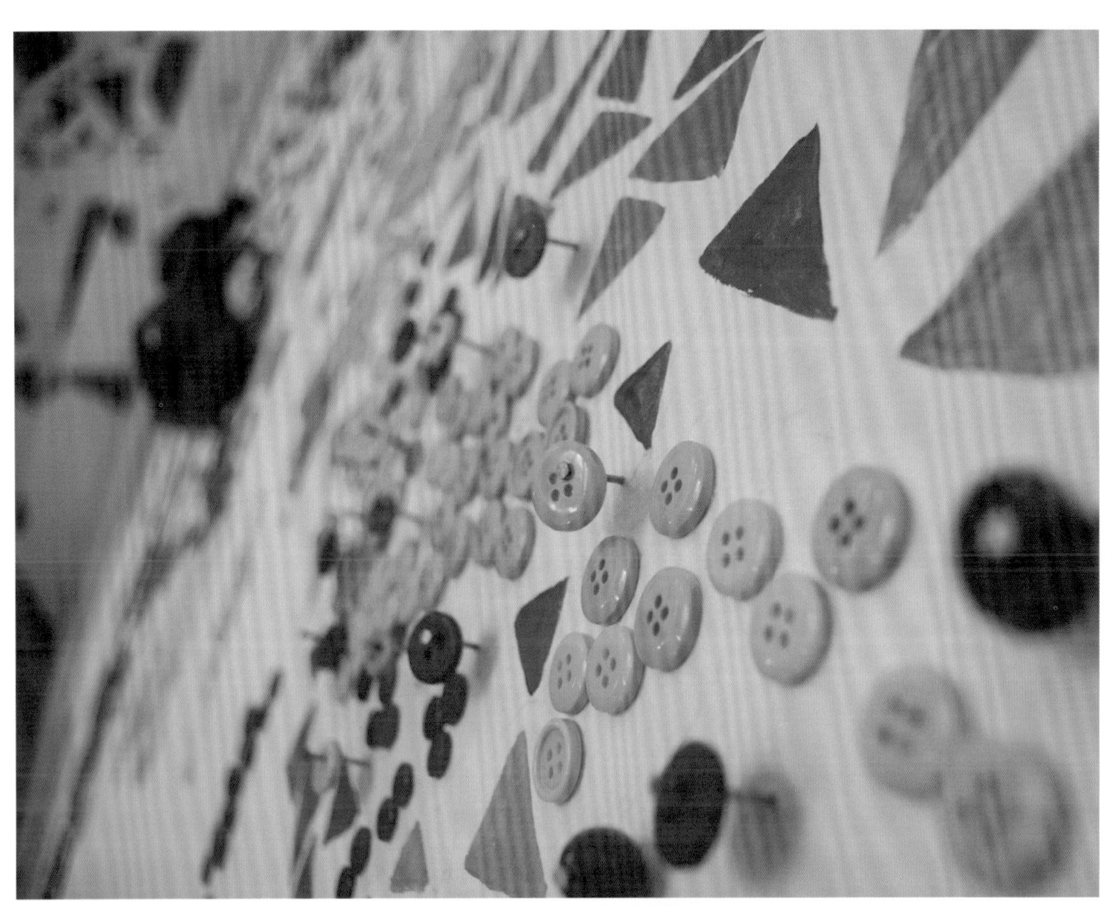

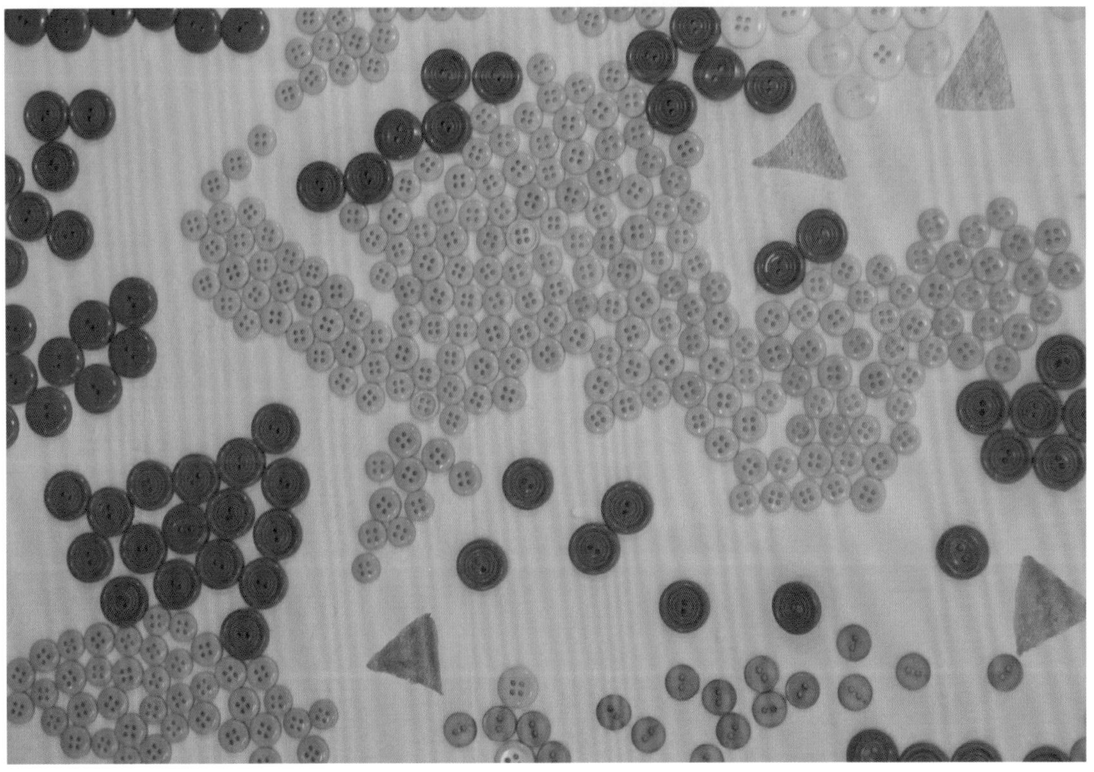

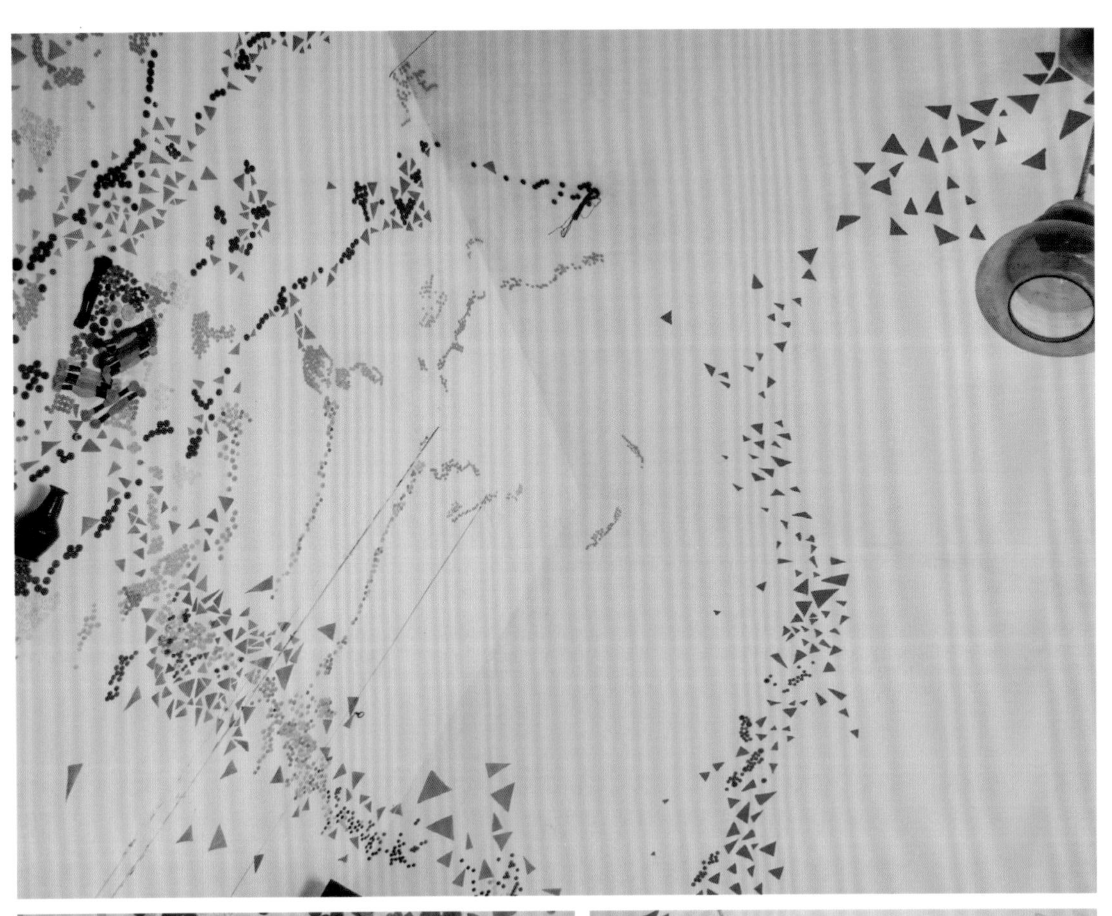

卧室和浴室设计

设计师受邀设计了一间卧室和一间浴室的室内空间，两者之间用壁炉和玻璃墙相隔。

这个项目的目的是创造一个令人完全放松的空间。卧室中的主色调是紫色——充满梦幻的色彩。而浴室中主要用到黄色，能够舒缓心情。设计师选择了两种不同类型的水池以供不同的使用目的，一种是圆形，另一种则是长方形。浴缸处于窗户旁边，可以观赏到漂亮的海景。

客户：Zdravko Kirov

设计公司：Gemelli Design Studio

设计师：Branimira Ivanova , Desislava Ivanova

摄影师：Desislava Ivanova

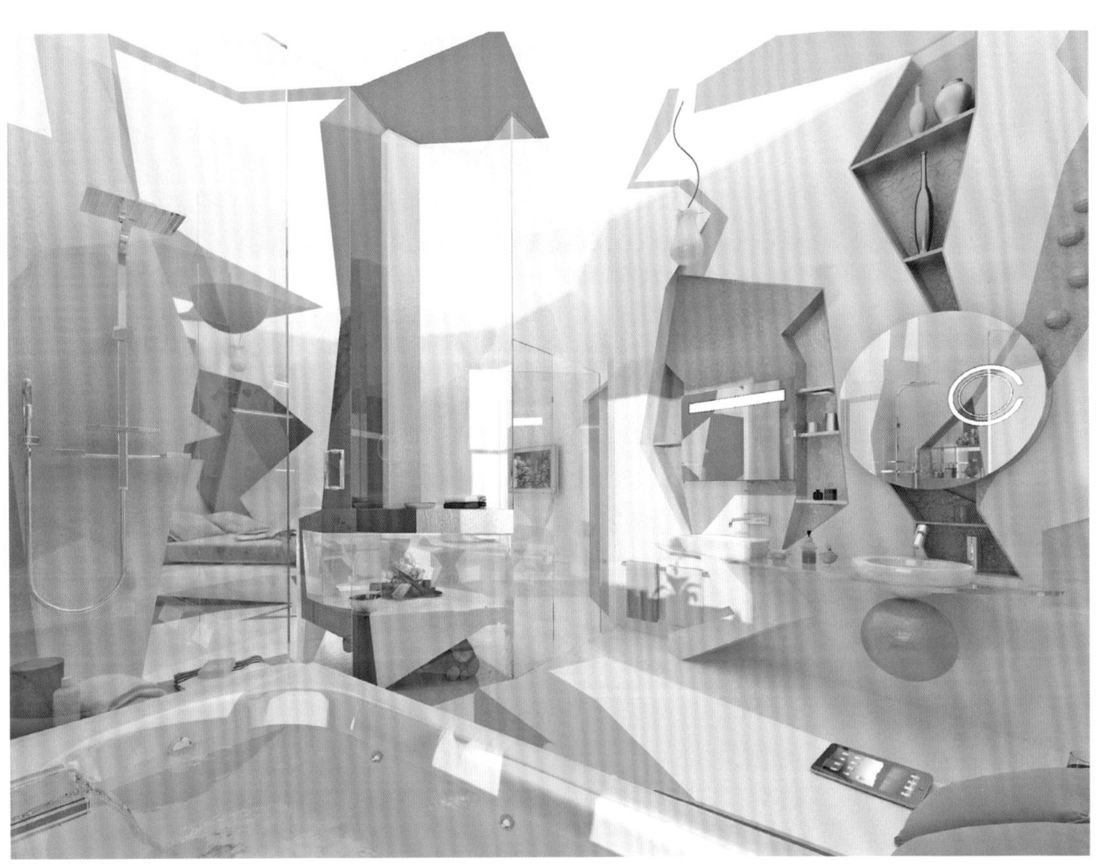

酒店客房设计

这个酒店客房项目的基本要求是将所有水平面——墙面和天花板改造为三维立体视觉效果。奢华瓷砖的使用将整个房间变成了奇妙刺激的空间形象。

客户：Dima Voiskov

设计公司：Gemelli Design Studio

设计师：Branimira Ivanova , Desislava Ivanova

摄影师：Desislava Ivanova

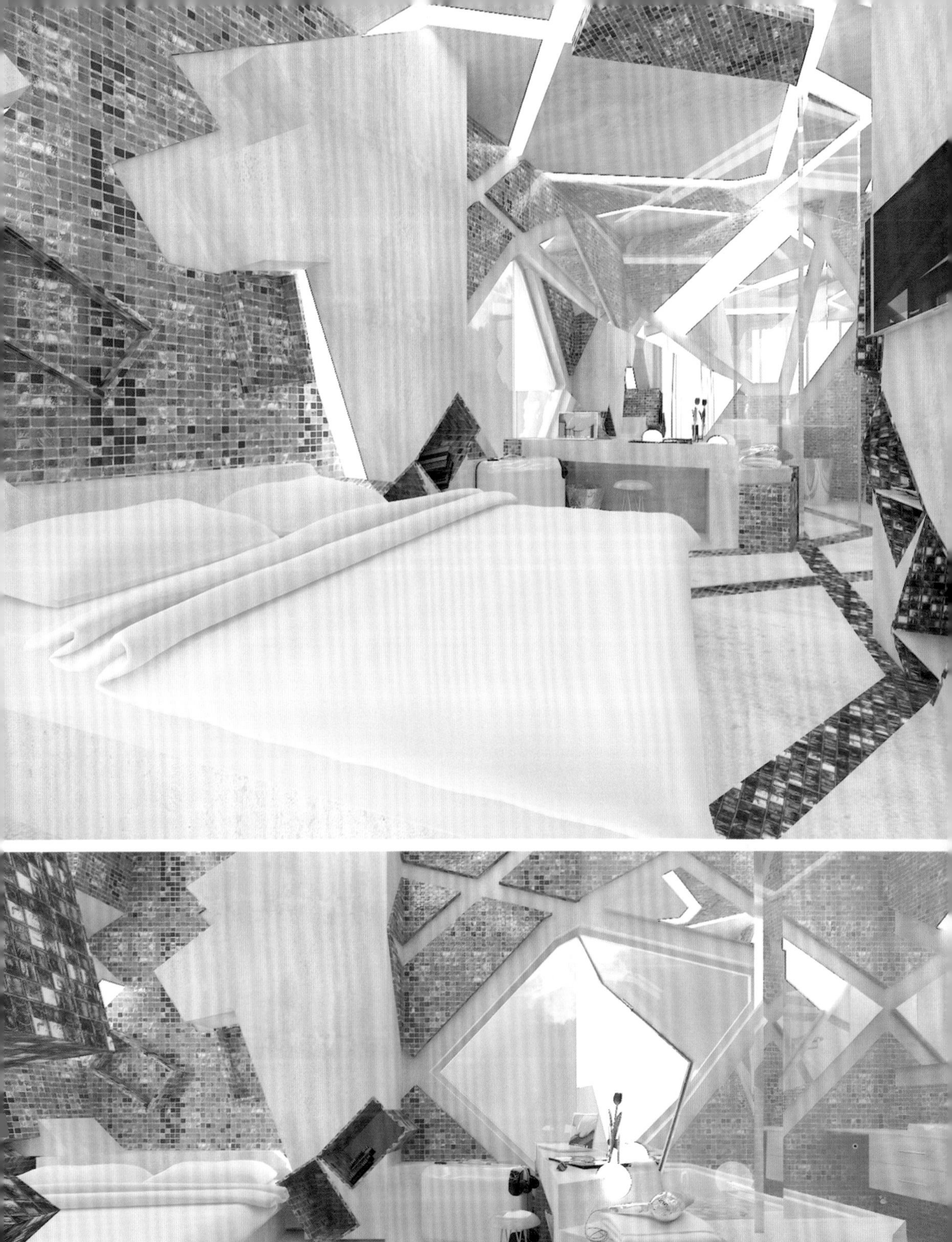

多姿多彩的缝纫工作室

这个项目的目的是让在这里工作的人更富创造力和动力，同时吸引顾客下订单。

通过使用彩色涂料和纽扣，设计师为特定的顾客群营造出了时尚的空间。

墙面上的彩色部分象征了裁缝使用的各种布料，她用布料为客户完成了一件件服装作品，而闪亮的纽扣则象征了她的一双魔力般的巧手。

客户：Kameliya Burgudzhieva
设计公司：Gemelli Design Studio
设计师：Branimira Ivanova , Desislava Ivanova
摄影师：Desislava Ivanova

NEO

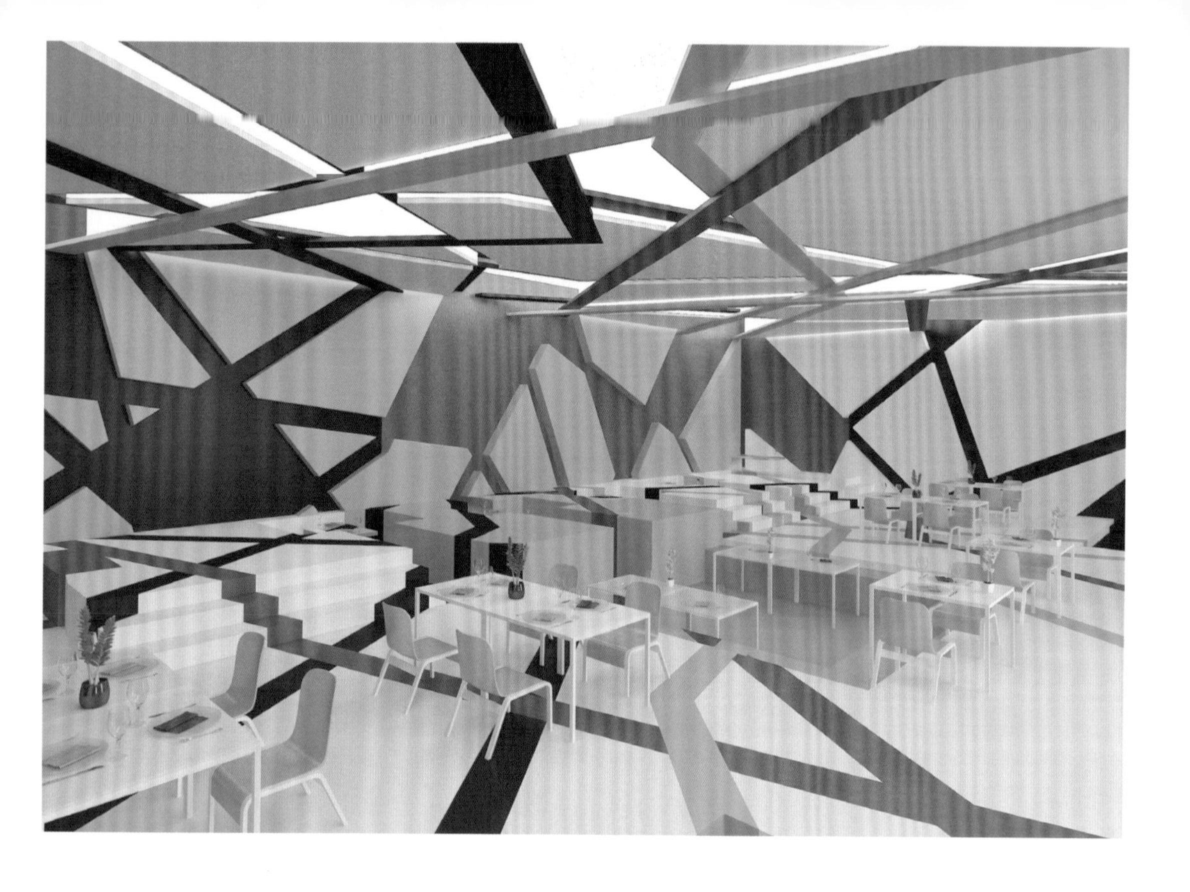

果蔬餐厅

这个多功能果蔬餐厅位于意大利佛罗伦萨的酒吧快餐一条街，那里有很多果蔬店、餐厅、时尚厨房。本店的设计灵感来自于大自然及其丰富多姿的色彩。在这个项目中，设计师将大自然带入了整个室内空间。

设计师用到果蔬的基本色彩：白色、橙色、红色以及绿色来作为主色调。白色与其他色彩一起使用，达到了和谐统一，它代表着纯洁。橙色取自于太阳的颜色，代表了友好、热情与快乐。红色是最富感情的色彩，而绿色象征着自然。

当今社会，人们对环保的关注越来越强烈。设计师在这个餐厅的设计中使用了大量的回收品和可再生材料，创造出一个“可持续发展”的空间。同时，色彩的大量使用为整个空间带来了柔和的一面，也吸引了人们的眼球。

客户：FDA
设计公司：Gemelli Design Studio
设计师：Branimira Ivanova，Desislava Ivanova
摄影师：Desislava Ivanova

YMS美发中心

Mič Styling 是斯洛文尼亚具有领导品牌的一家美发店，它拥有 50 家分店。Mič Styling 品牌的客户群体主要是商务人士，所以店内设计要求简约优雅的风格。此外，则是“简单”，主要面向一般大众，在这种情况下的店面室内设计会呈现出轻松的氛围。此次，Mič Styling 决定建立一个全新的美发中心，主要针对年轻群体，这就是我们所说的 YMS 美发中心。

设计师收到对这家全新的店面进行室内设计的委托时，将此品牌原有的室内设计风格完全弃之不用，主要是为了迎合青少年的兴趣。但是他们希望能避免以往涉及青少年使用空间的设计时出现的一些主要误区。

客户：Mič Styling
设计公司：Kitsch Nitsch
摄影师：Miha Brodaric / Multipraktik

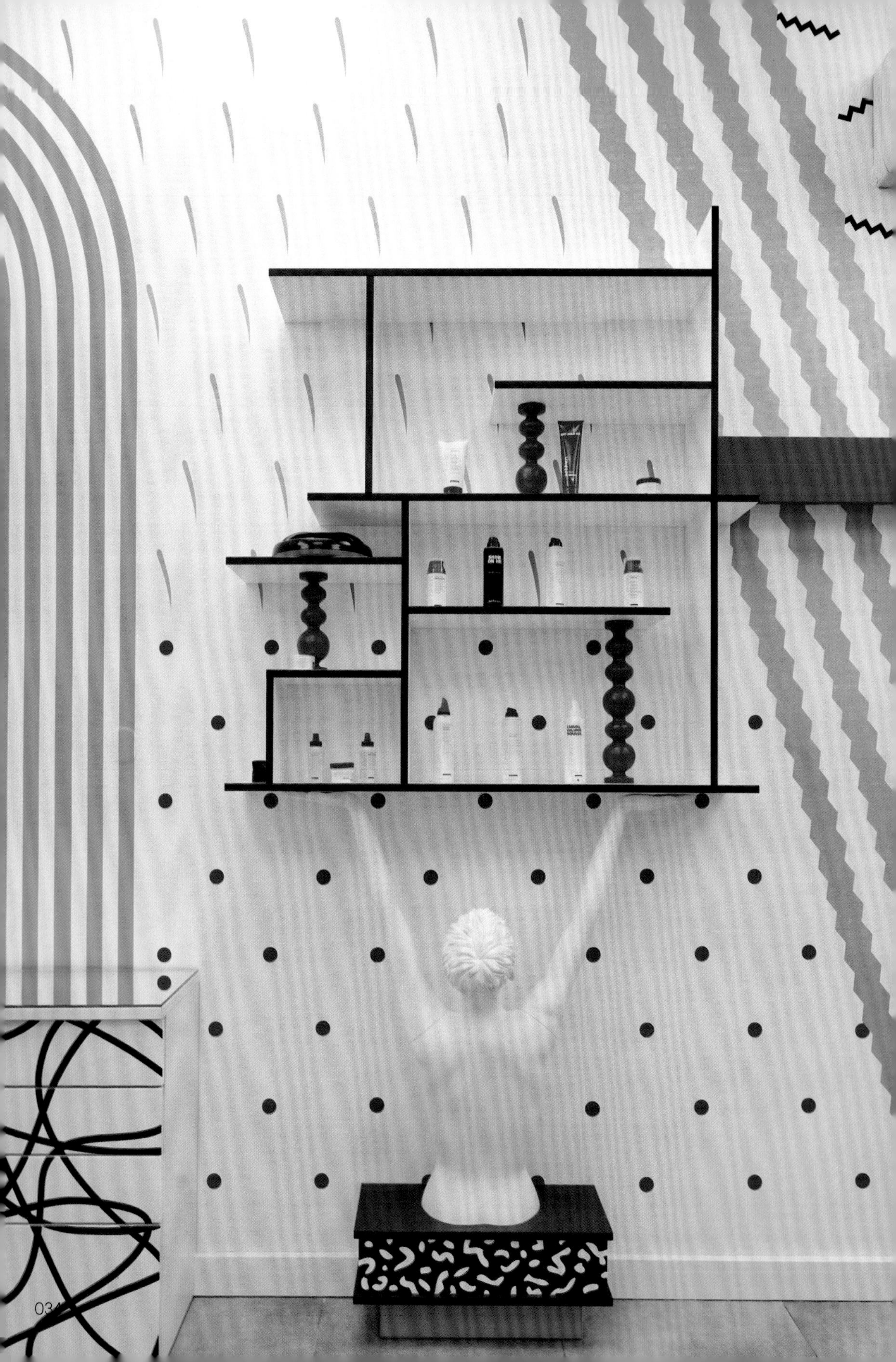

YMS城市公园店

这间美发沙龙位于卢布尔雅那市一个叫做城市公园的购物中心。

设计师受邀为这间针对青少年客户群体的美发沙龙进行室内设计。Mič Styling一向是以商务人士为主要目标客户群体的，而这次的新店面向的客户群体有所不同，所以设计师必须摒弃此品牌店以往的设计风格，探索出全新的符合青少年群体特点的新鲜设计。在此项目中，设计师大量运用几何图案以及平面图像来装饰店内空间，为目标客户群体营造出轻松、愉悦、引人入胜的服务空间。

客户：Mič Styling

设计公司：Kitsch Nitsch

摄影师：Miha Brodaric / Multipraktik

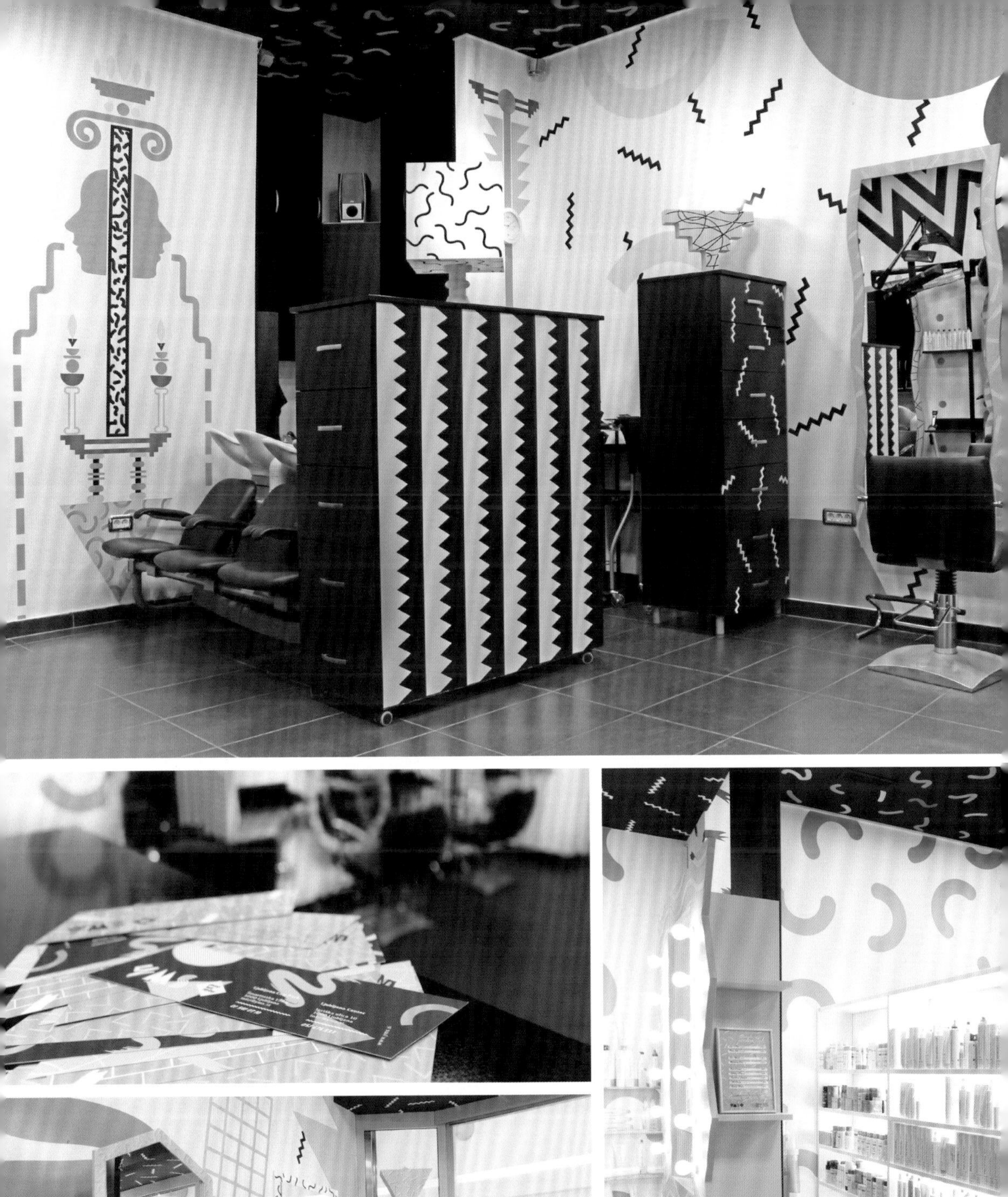

Camper鞋店

在为 Camper 品牌设计全新店面的时候，Studio Makkink & Bey 设计公司的创意回到了鞋子本身的基本功能之上：行走。行走是人们能够移动的最基本的方法，设计师将其具象化，运用到了本店的室内设计之中。利用爬楼梯的物理状态，无论是在墙面上或者地面上，设计师都让消费者能够跟随 Camper 品牌的步伐一同进去奇幻的世界来体验三维空间的视觉感受。

室内以白色调为主，整个室内仅仅只有一层而已，在空间条件有限的情况下，为了让空间看起来更加开阔，设计师除了运用镜子增加室内空间之外，还通过用红色的线条组成阶梯，使顾客产生了一种可以踏梯直上进入二楼空间的感受。除了这些三维视觉楼梯，设计师还打造了真实的阶梯，用以陈列店内鞋子的同时，创造出更加真实的视觉效果。此外，墙面的色彩对比也非常强烈，使黑色区域显现出不同的陈列感官，好像家用的鞋柜一样。顾客进入此地，犹如置身于由线条创意的游戏空间之中。

客户：Camper Store
设计公司：Studio Makkink & Bey
摄影师：Sanchez y Montoro

CAMPER
PATH
10 salles de

CAMPER

CAMPER

商场中的儿童卫生间

设计师在特拉维夫一家商场创造儿童卫生间的主要目的是营造出非同一般的独特氛围。

整个空间就像一座多姿多彩的广阔森林，每一处细节都富有设计感。这里很明显是属于儿童的天地，但是父母们仍然乐于一探究竟。大象鼻子形状的水龙头、青蛙座便器、天蓝顶棚、玻璃瓷砖、丛林小径……营造出森林的气息。

墙面和门上绘制了色彩丰富的森林动物，上面覆盖着玻璃，以防受损。

客户：Dizingoff center
设计公司：Studio Yaron Tal LTD
设计师：Yaron Tal & Lipaz Vider
摄影师：Moshik Cohen

Snog酸奶制品切尔西店

这是 Cinimod Studio 设计事务所为 Snog 酸奶设计的第六家店面，同以往的那几家店面一样，设计感与设计工艺为此品牌的店面设计增色不少。

与此同时，切尔西店在设计中面临了一些挑战，店面空间幽长，店门非常狭小。这就促使设计团队寻求全新的灵感创造出极具视觉感的店面，以便吸引更多的客源。为了配合店内的设计，设计师还采用了与设计相辅相成的家具和灯光来达到更好的效果。

客户：Snog Pure Frozen Yogurt
设计公司：Cinimod Studio Ltd
灯光设计：Cinimod Studio
品牌与平面设计：ICO Design

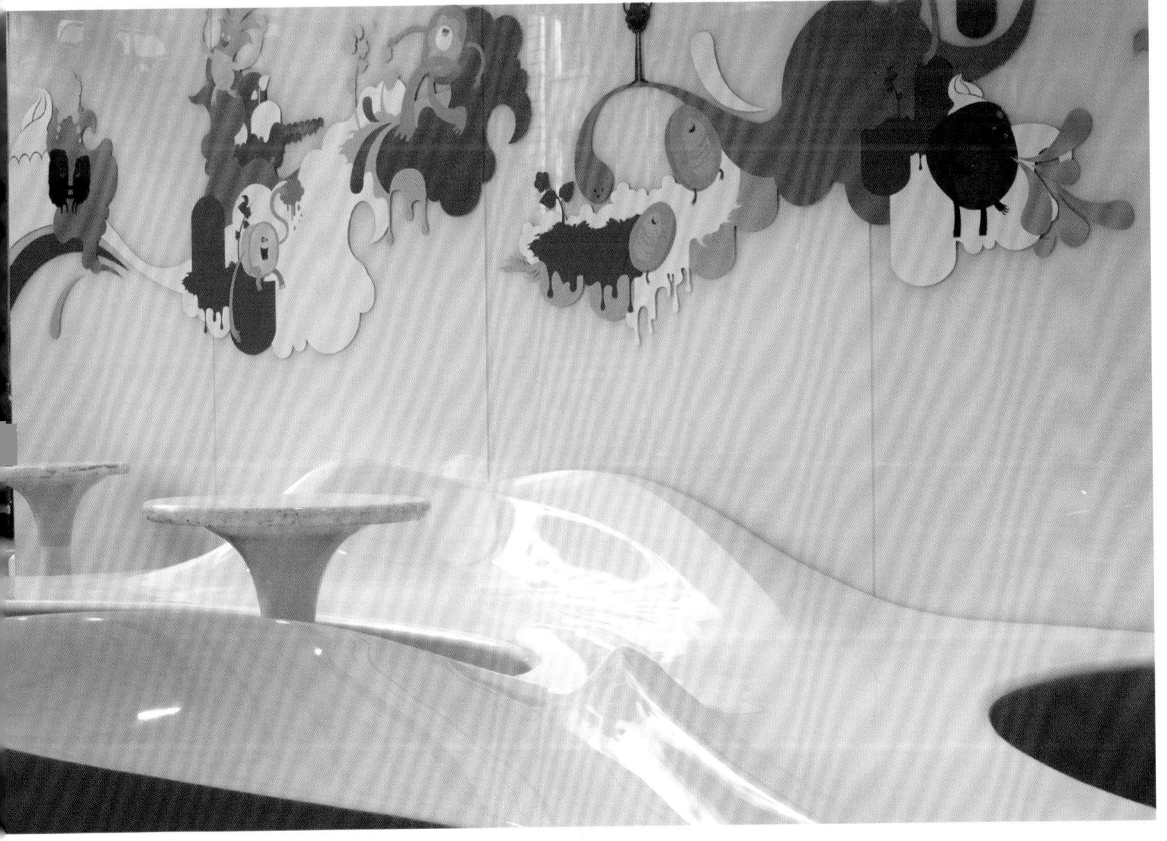

SNOG

亚布力Club Med冰雪度假村

设计公司：纳索建筑设计事务所

作为国际度假集团Club Med在中国的首个度假村，由纳索建筑设计事务所设计的Club Med亚布力冰雪度假村提供包括住宿、餐饮、交通、娱乐等“一价全包”的服务。

来到Club Med，你必须先阅读这张说明书，不然很可能会错过许多精彩的活动，比如舞蹈课程、瑜伽训练、有氧操、乒乓球、桌球、麻将、蹦床以及各种为儿童设置的娱乐项目，甚至还有你根本没想过会出现在酒店的空中飞人马戏课程。当然，这些全部是免费的。除此之外，酒店还为喜欢夜生活的人提供了一个热闹的场所——森林酒吧。酒吧的整体设计以亚布力所在的五花山为灵感，家具采用山上的五种色调，其间错落分布着树皮壁纸覆盖的立柱，专门定制的地毯图案来自五花山地表图，而吧台则是对传统中药橱柜的重新演绎。夜晚的森林吧是一副热火朝天的场面，客人不但可以免费品尝各式调酒，还能唱卡拉OK，或者在G.O的带动下一起跳舞。

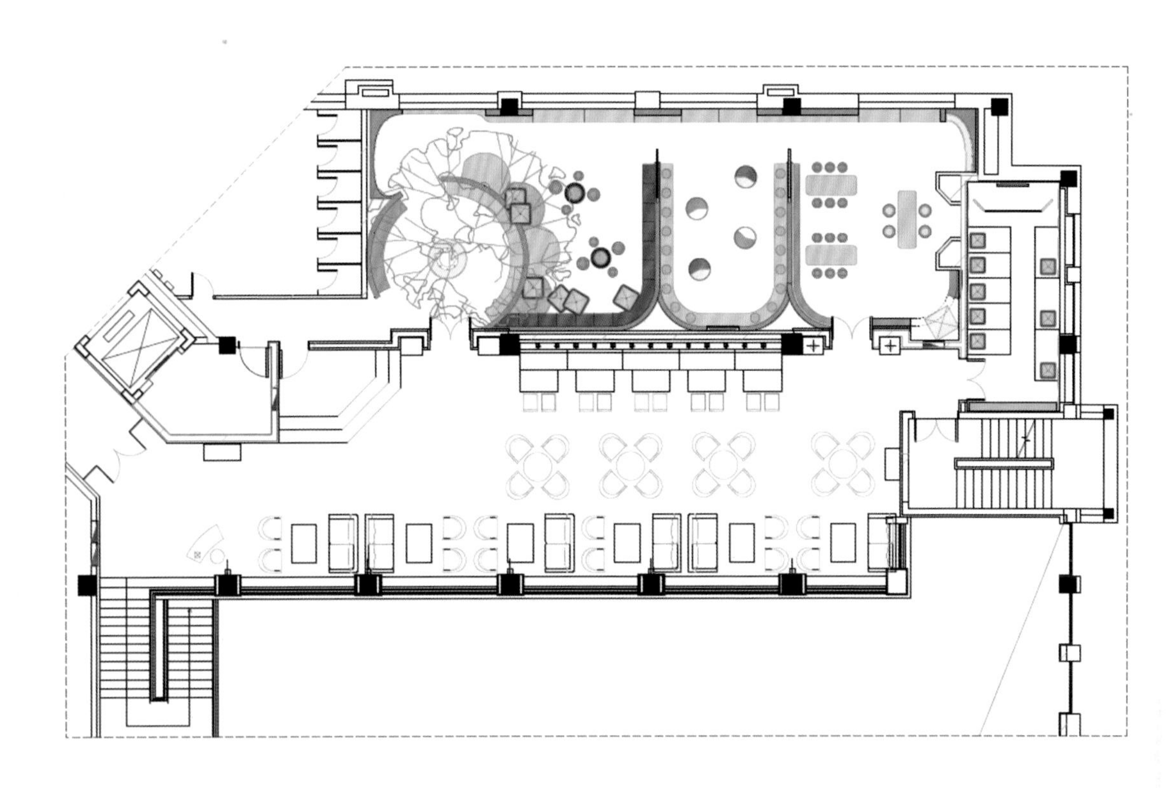

name is elm

安全出口
EXIT

My name is oak

me is elm
my name is oak

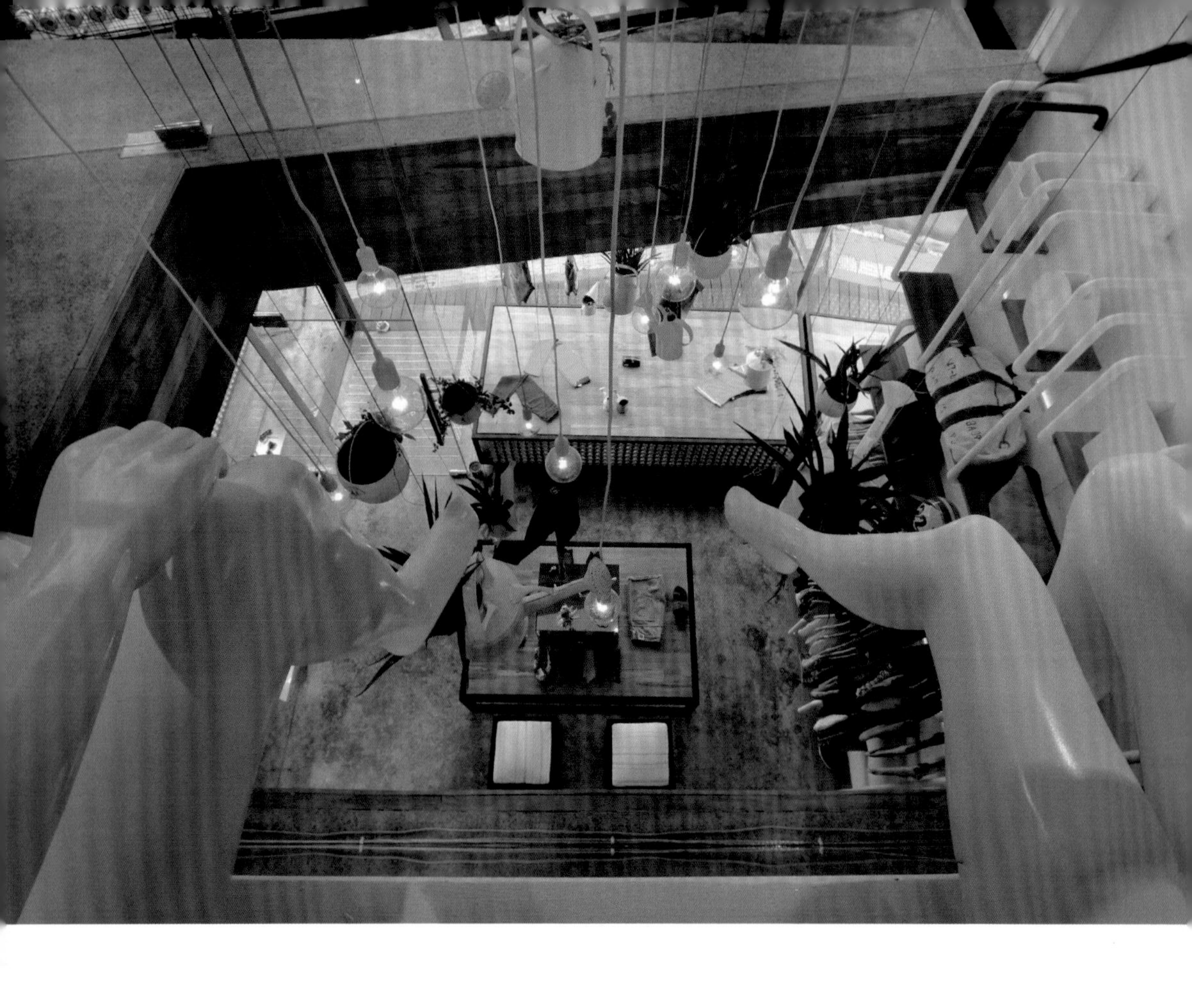

Denim Denim商店

位于巴厘岛最高档的购物街内，由 Word Of Mouth 公司设计的 Denim Denim 商店很显然受到了更多的关注。这家被重新装饰的店面分为两层，面积只有 60 平方米，但是它的建筑风格极大地吸引了来往的游客。

这家新店属于岛上的一个连锁机构，但是由于所处地理位置不同，更加需要一个能够吸引顾客的室内设计。这个小空间的店面需要经过谨慎仔细的设计，以便即使在放满商品的时候还能使空间显得更大一些。

客户 : Budianto Basari
设计公司 : Word Of Mouth
设计师 : Valentina Audrito, Rene Kroondijk, Indra Santosa, Amy McDonnell, Mitch Hill
摄影师 : Moch. Sulthonn

"my girlfriend always laughs during sex... no matter what jeans I'm wearing."
"two things
infinite : the
+ DENIM
and I'm not
about the
mr albert einstein

"DENIM isn't what makes the world go round,
DENIM is what makes the ride worthwhile..."
"DENIM
asks me no questions +
gives me endless support"
"ask not what you
can do for
DENIM,
ask what DENIM
can do for you"

Dri Dri商店

St Martins Lane 酒店前的房间是一个活跃的商店空间。以前经营过服装店、摄影展等，现在 Elips 设计公司要受雇将其改造为意大利海滩风格的商店，屋内有色彩亮丽的遮阳伞以及桌椅。顾客在位于伦敦市中心的这家商店中就能感受到地中海的气息。

客户：Adriano Di Petrillo - Dri Dri gelato
设计公司：Elips Design
设计师：Elisa Pardini
摄影师：Carlo Carossio

Local Italian Gelato
Local Italian Gelato
Local Italian Gelato

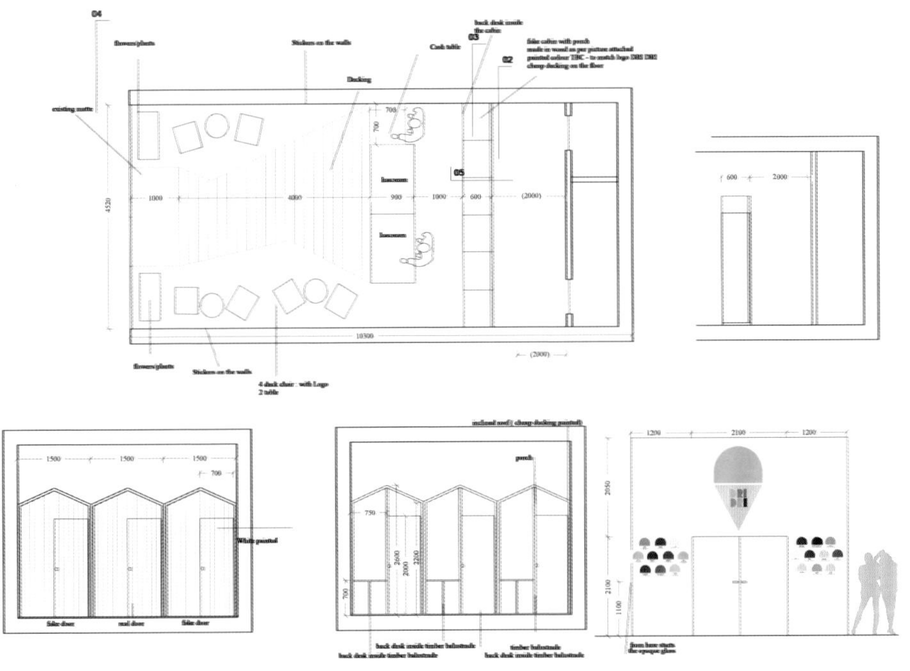

04
flowers/plants
Stickers on the walls
Decking
Cash table
03
02
05
1000
4000
900
1000
600
(2000)
4520
10300
(2000)
600
2000
flowers/plants
Stickers on the walls
1500
1500
1500
700
White painted
false door
real door
false door
porch
750
2600
2200
2000
700
1200
2100
1200
2050
2100
1100

HUGO BOSS公司

本设计是设计师为HUGO BOSS北欧总部办公室和陈列室进行的平面设计作品。

客户：Hugo Boss
设计公司：BergerBerger AB
设计师：Thomas Berger
摄影师：Mandus Rudholm

HUGO

法国鳄鱼品牌移动商店

这座移动商店的产生是为了推广鳄鱼成为全球性的运动和生活领导品牌，以及它旗下 L!VE 品牌。移动商店的前身是面积 20 平方英尺、用来运输纺织品的集装箱。而移动商店需要极强的移动功能，设计师将集装箱的组件重新组合，形成了全新的鳄鱼移动商店。

客户：Lacoste
设计公司：Aruliden
设计总监：Johan Liden
设计师：Yifei Zha, Haney Awad
摄影师：courtesy of Lacoste

LACOSTE

LACOSTE
L!VE
LACOSTE
L!VE

Ljubljana Puppet剧院

Ljubljana Puppet 剧院是一座拥有大量文物并且结构体系健全的公共机构。在此作品中，设计师明智地对大堂进行了改造，通向大小舞台的主入口刚好位于这里。设计师运用自己的想象力创造了一个有趣的空间："查理与巧克力工厂"以及木偶形象完美地结合在一起。

客户：Ljubljana Puppet Theatre
设计公司：Kitsch Nitsch
设计师：Kitsch Nitsch
摄影师：Kitsch Nitsch

VELIKI ODER
MALI ODER

M Dreams商店设计

此作品是巴西一家鞋店的商店设计。它的设计需要符合这个国际著名品牌的特点及其独特的产品特色。

本店位于墨尔本 QV 中心的一角，地段十分繁华，来往行人在这里可以体会到一场视觉盛宴。设计师用柔和朴素的色彩衬托出店内商品的特点，为店主和行人营造了梦幻般的视觉效果。

客户：Susannah Kerr
设计公司：Edwards Moore
设计师：Ben Edwards, Juliet Moore, Jacqueline Nguyen, Leo Dewitte
摄影师：Peter Bennetts

New Zealand Natural

"Believe you can and you're half way there."

隐形眼镜店

特拉维夫一家眼镜店的室内设计作品。此店位于特拉维夫市中心一座老旧的大楼内。由于此店拥有良好地理位置，设计师在店内的视觉效果上花费了大量的精力以契合店铺四周的环境。在店面设计之初，设计师首要考虑到了店内隐形眼镜的展示。店内两个最主要的设计特点则是浮雕数字墙和 6 盏大灯。

客户：Adashot By EyeCare

设计公司：MISS LEE DESIGN

设计师：Lee-Ran Shlomi Gidron

摄影师：Johanathan Hepner

A 5 9 8 4 2 9 5 B 9
0 3 D 6 0 5 5 5 0 6
5 4 3 7 9 8 1 0 5 * 9
B 5 1 3 7 9 2 5 9 4 6 3 G 8 1 5
8 9 7
4 5 3

98105*

ADASHOT
ADASHOT
CHARYA

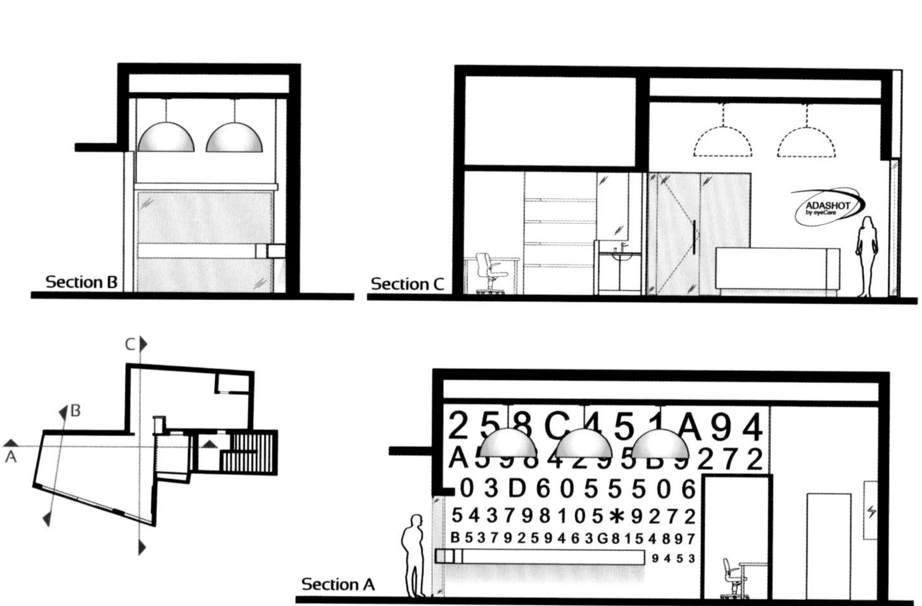
Section B
Section C
ADASHOT
by eyeCare
C
B
A
2 5 8 C 4 5 1 A 9 4
0 3 D 6 0 5 5 0 6
5 4 3 7 9 8 1 0 5 ✱ 9 2 7 2
B 5 3 7 9 2 5 9 4 6 3 G 8 1 5 4 8 9 7
9 4 5 3
Section A

ADASHOT
B 9 2 7 2
0 6
2 7 2
4 8 9 7
9 4 5 3

P&C Junior概念店

当父母外出不在家的时候会发生什么事情？当然是孩子们占山为王！他们永远不知疲倦地将家中所有物品颠覆：墙面上很快会被口红占据、家具会附上各种颜色、画作上会出现五颜六色的贴纸。

在P&C斯图加特店，大人会因为孩子们的忙碌而眼花缭乱。这是一家提供0到15岁少年儿童服饰的专卖店，“儿童独立创意家居”是设计师的设计灵感来源。这个拥有500平方米的潮流店面同时吸引了孩子和家长的注意力。店内的音乐、游戏设备以及舒适的休息区吸引了大量家庭前来购物。当孩子们在店内四处奔走寻找新事物的同时，家长也沉浸在舒适的购物环境之中。

客户：Peek & Cloppenburg

设计公司：dan pearlman Markenarchitektur GmbH

摄影师：Guido Leifhelm

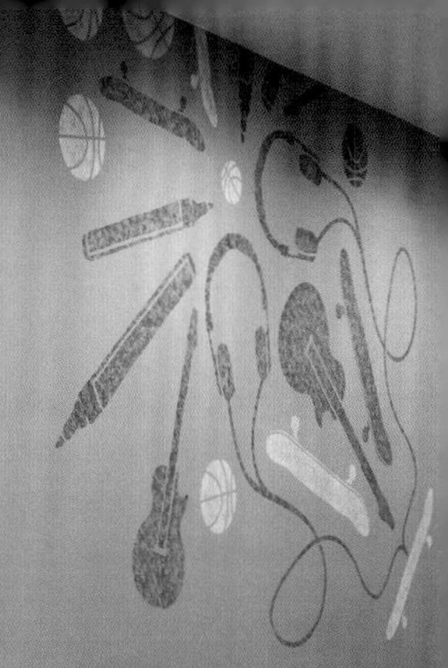
JUNIOR
Peek&Cloppenburg

WICKELN
BABIES

DENIM
TEENS
JUNIOR
CHICAGO

WATCH
ME
NOW
STYLE
TEENS
DENIM
TEENS
JUNIOR

DENIM
DENIM
PUMA
GIRLS
REVIEW
KIDS
BABIES
BABIES
KIDS
s.Oliver
REVIEW
DENIM
TEENS
BOYS
REVIEW
s.Oliver

TEENS
GIRLS
140-176
GARCIA'
JUNIOR

Piccino儿童服装专卖店

Piccino 是一家专门进口意大利儿童服饰并在巴伦西亚销售的专卖店。店内的设计重点侧重于儿童服饰，除此之外，店内基本是白色格调。然而，受到店主两个孩子的影响，顾客和他们的孩子也能在这里发现有趣好玩的明亮色调。

孩子们在这里可以尽情地玩耍，发挥他们的想象力，通过店内商品，为他们自己以及朋友们搭配出最具特点的衣服。

客户：Piccino
设计公司：Masquespacio
设计师：Ana Milena Hernández Palacios
摄影师：Inquietud & David Rodríguez from Cualiti

Piccino

Sección B

Sección A

Azul ó verde?
Ven a jugar

Falda ó vestido?

Calle de la Rosa
Calle de Trafalgar
Calle Luis Bolinches
Calle Pintor Maella
El Corte Ingles
Calle de Menorca
Calle de Menorca
AQUA
Encuentranos en
Trafalgar 52, Local 5,
46023, Valencia
contactenos@piccino.es
Tel: 963327840
www.piccino.es

Piccino
Ropa italiana para niños.
Brums
BIMBUS
Ven a conocernos, te gustará!!!

Ven
y diviertete
con nosotros
Bienvenidos
a Piccino
tu taller
de sueños

乐高办公室

Rune Fjord & Rosan Bosch 为乐高集团研发部门所做的办公室内设计，位于丹麦。设计师倾力打造了会议室、接待室、咖啡馆以及项目室，最大程度上激发员工的开发进程。整个室内设计充分反映了开发部门的企业价值观：合作与分享。

开放式办公室里有积木形的陈列柜，模型搭建桌和一个乐高制成品图书馆。办公室夹层里环绕整个建筑有八间会议室，会议室的前面是玻璃的，每一个会议室里的颜色都不同。在这里工作的员工充分体会到了办公的乐趣。

客户：LeGo Group Development Department
设计公司：Rune Fjord & Rosan Bosch
摄影师：Anders Sune Berg

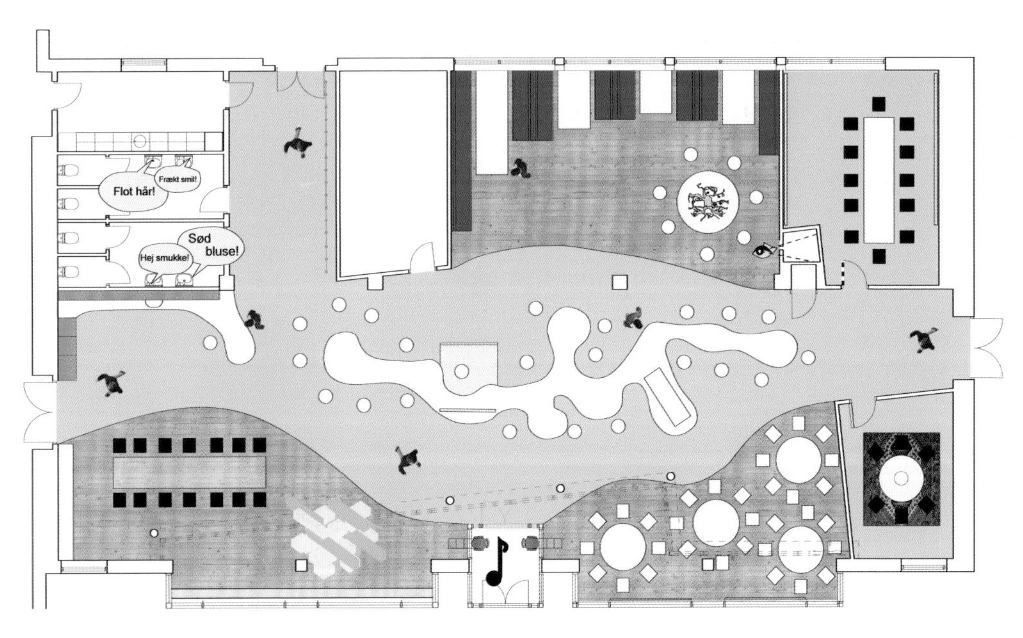
Flot hår!
Frækt smil!
Hej smukke!
Sød bluse!

San Pablo集团办公室

当打开电梯门进入办公室的时候，人们就会看见开放的环形接待区域。此区域的两侧是两面蓝色调的玻璃窗户，绘有抽象图案。办公室中心区域有一面印有公司 logo 的绿色墙体。

越过接待区域，人们能看到一条很长的走廊，它连接着两个宽敞房间。进入其中，人们会逐渐发现这两个房间的奇妙之处：色彩艳丽、氛围轻松、布局开阔、视野宽广。由于空间及照明设施的不同，每个房间都具有个性。工作区视野开阔，自然光线充足。

从工作区域可以遥望街景，家具的高度有利于自然光照射进来。整个空间共分两层，面积达到 1250 平方米。两层之间由一座白色的宽敞楼梯连接起来，楼梯旁边是黑色的玄武岩墙壁，使得整个空间看起来十分坚固。

设计公司：Space Architecture

设计师：Juan Carlos Baumgartner, Gabriel Téllez

摄影师：Paul Czitrom

INORGÁNICOS
PAPEL

Snog Soho奶酪店

这是 Cinimod Studio 设计公司为 Snog 纯酸奶酪设计的第二间商店，本店位于伦敦市繁华的 Soho 区。

Cinimod Studio 的设计基于 ICO 公司为 Snog 设计的品牌标识之上，由此改进了此店的建筑视觉效果，并将其应用于 Snog 南肯辛顿店。这个设计被称为“冒泡的天花板”：此照明装置包括 700 个含有 LED 灯的玻璃小球，不断变化着颜色，在视觉刺激和公众参与上提高到一个新的层次。

天花板下面是白色柜台，基本与店面的长度相当，柜台上面摆放着小玻璃柜，陈列 Snog 新鲜出炉的各种甜品。

设计公司：Cinimod Studio Ltd
品牌与平面设计：ICO Design

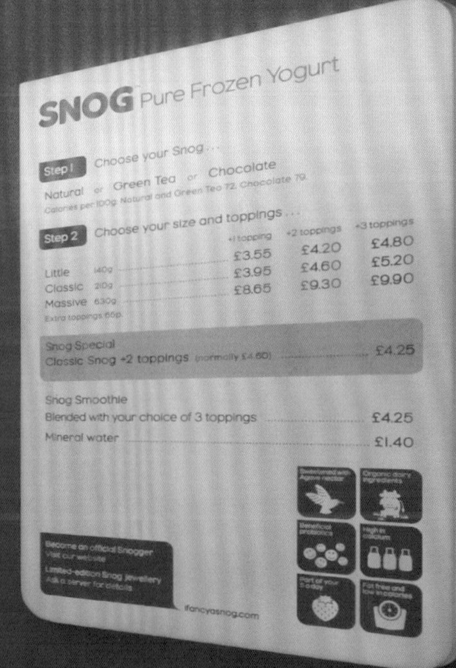
SNOG™
Pure Frozen Yogurt
SNOG Pure Frozen Yogurt
Step 1 Choose your Snog...
Natural or Green Tea or Chocolate
Step 2 Choose your size and toppings...
+1 topping +2 toppings +3 toppings
Little 140g £3.55 £4.20 £4.80
Classic 210g £3.95 £4.60 £5.20
Massive 630g £8.65 £9.30 £9.90
Snog Special
Classic Snog +2 toppings £4.25
Snog Smoothie
Blended with your choice of 3 toppings £4.25
Mineral water £1.40
Become an official Snogger
Visit our website
ifancyasnog.com

Spazio 11b时装精品店

Spazio 11b 是一家位于的里亚斯特的成衣时装精品店，这座城市在 19 世纪时非常繁华。纪念性建筑在这座城市中随处可见，而这些恰好成为设计师的灵感来源，设计师用简单的图案表达了这些建筑。

客户：Spazio 11b
设计公司：Kitsch Nitsch
摄影师：Kitsch Nitsch

NUOVA
COLLEZIONE

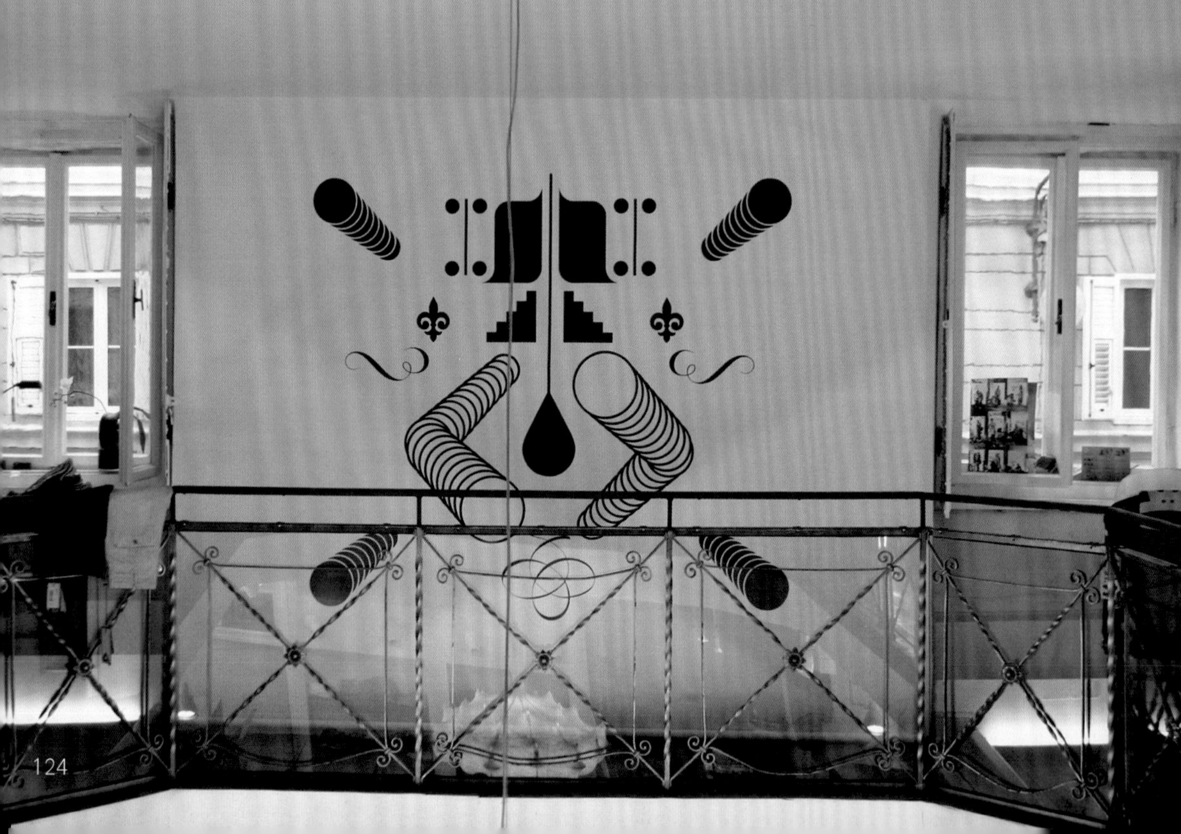

ICT体验中心

Stichting Kennisnet 是荷兰地区 ICT 领域的专业中心，作为公共的 ICT 支持组织，它邀请 Studio 1:1 设计公司为其设计一个最多容纳 30 名老师的教育体验中心。

设计师将这些 ICT 图标散布在将要在此运用的各种最新 ICT 成果之间。从学校教室如何利用新型简便的材料更好地体验空间之一概念开始，设计师设计三种不同的墙面装饰。所有在教学中适用的不同材料与技术，都能在此看到与感触。音响解决方案作为案例被纳入一块二手键盘面板中，闪闪发光的 LED 灯与地板上的作为整个楼层路线图的划线相平行。平直的沙发由柔软的泡棉制成，泡沫聚苯乙烯制作的放大版蓝色互联网插头邀你开启神奇的 ICT 之旅！

客户：Stichting Kennisnet
设计公司：Studio 1:1
设计师：Lucas Zoutendijk, Eveline Visser
摄影师：Sanne Donders

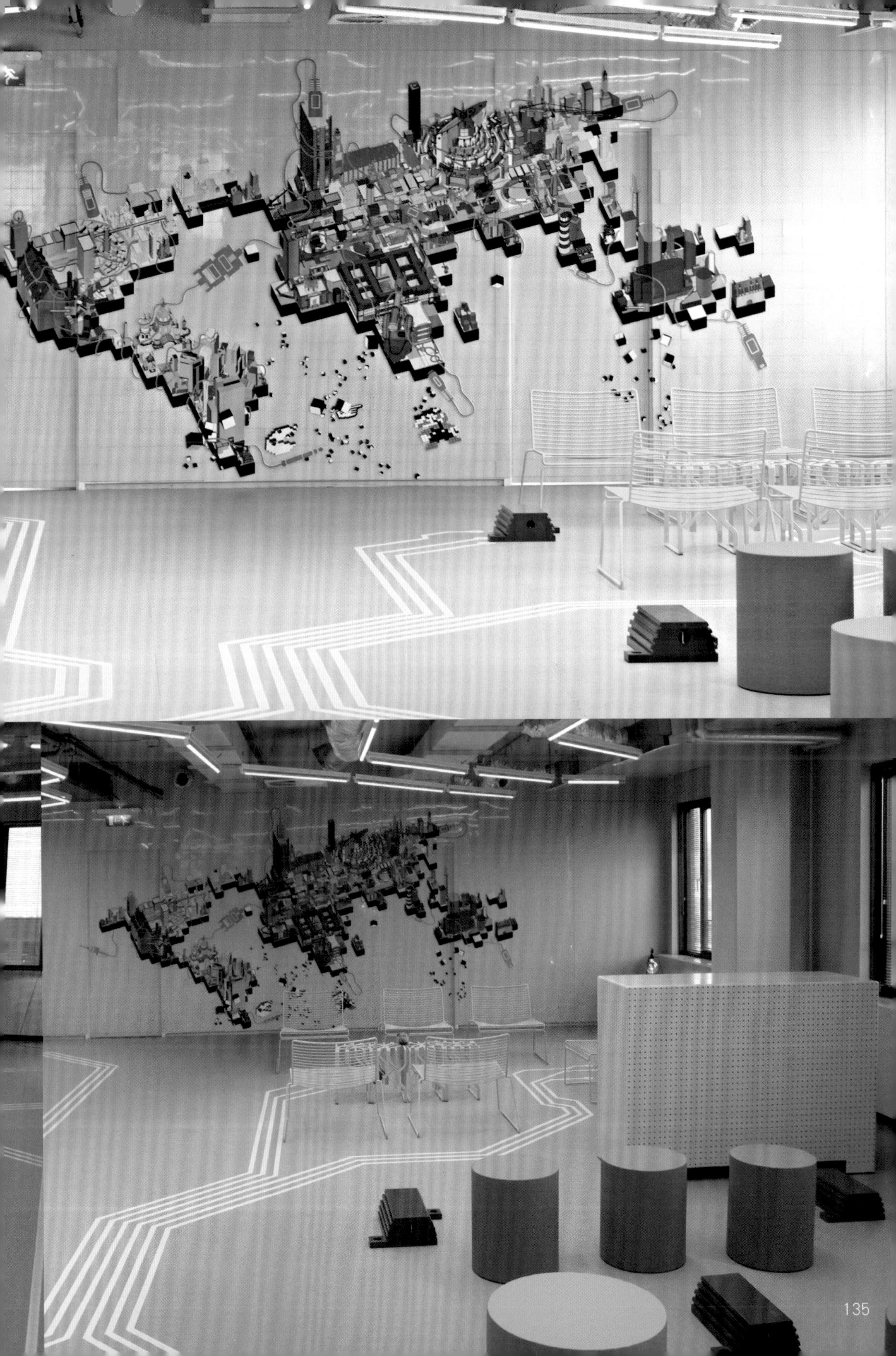

World Lounge休息厅

位于土耳其伊斯坦布尔的 World Lounge 拥有着流动的曲线、丰富的色彩以及舒适的空间，身处其中，很难想到这是 Karim Rashid 为 Yapi Kredi 银行设计的综合性休息大厅。当墙不再是笔直的棱角，幻化成婀娜的曲线；当空间不再是单一的颜色，跳动出变幻的色彩，没有人不惊叹 Karim 的创作能力。他将光和影、点与线自然交织，使空间融为一个整体，如同一场缤纷斑斓的奇幻秀。

对设计师来说，World Lounge 是室内设计一个新的标识，一个全新的灵感。它置身于很多餐厅与免税店之间，为整个大环境注入了一股新鲜的血液。这个地方将会被全球的旅行者深深地记在脑海中。

设计公司：KARIM RASHID INC.
设计师：Karim Rashid, Camila Tariki, Kamala Hutauruk, Evan McCullough
摄影师：Cemal Emden

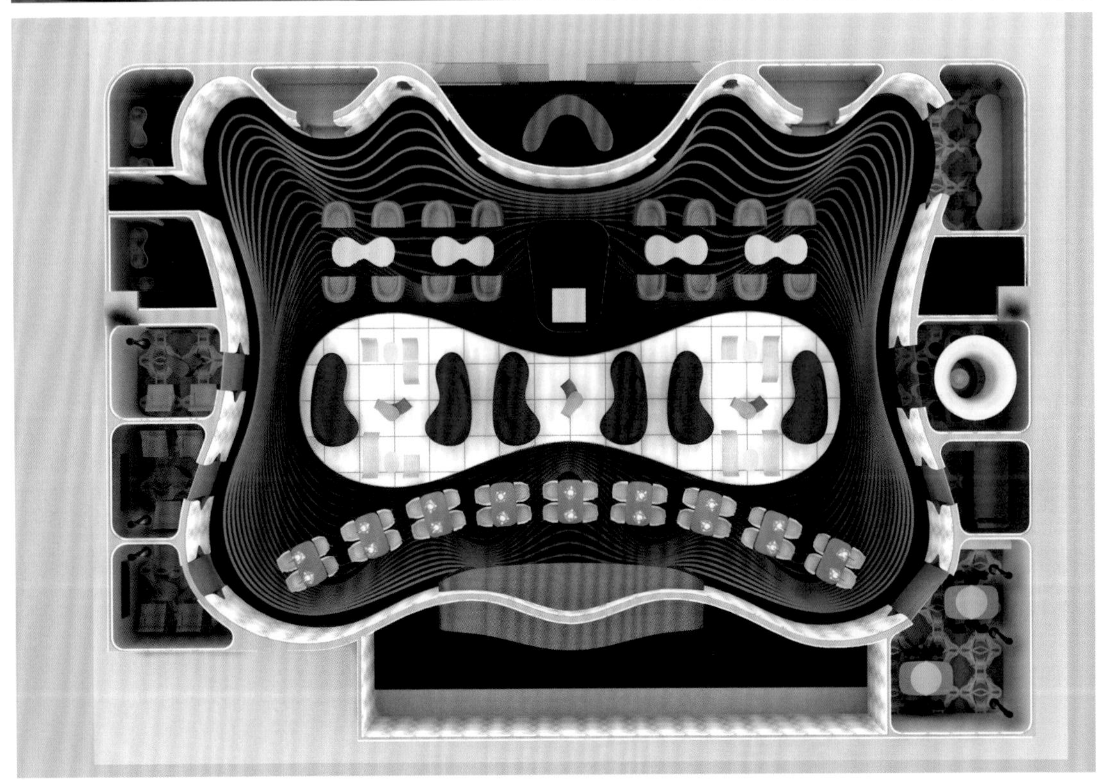

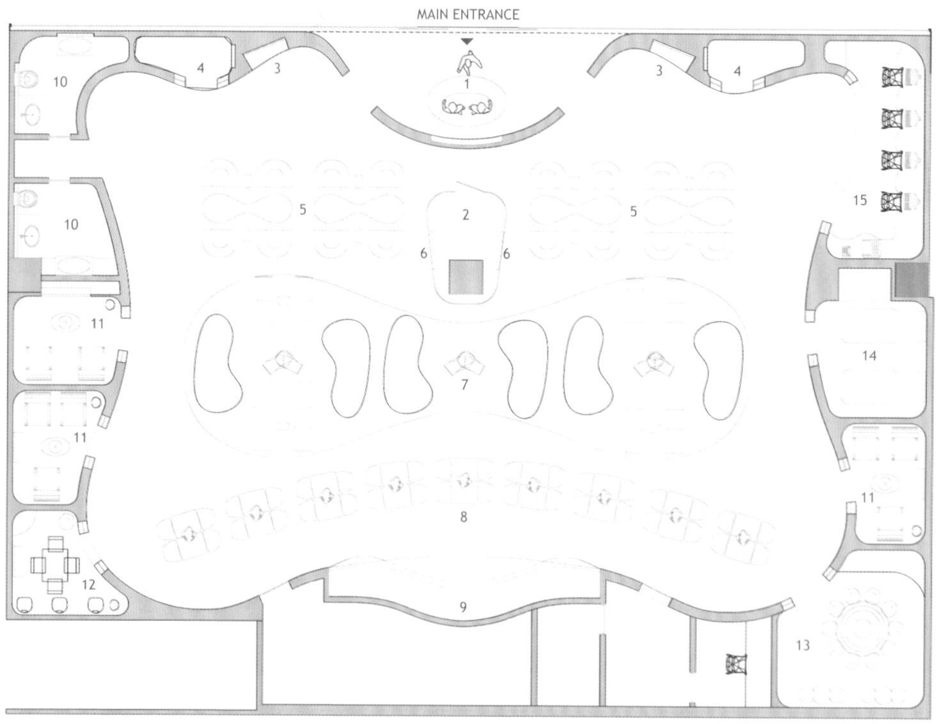
MAIN ENTRANCE
1
2
3
3
4
4
5
5
6
6
7
8
9
10
10
11
11
11
12
13
14
15

world
lounge

Persuading艺术展览

Persuading 艺术展览由克罗地亚广告协会和手工艺品博物馆联合承办的展览，以庆祝克罗地亚广告界迎来 170 周年纪念。此次展览共展出了 1500 个来自各行各业的优秀广告作品。Studio Rasic 设计公司为此次展览设计了所有相关的宣传品以及展示大厅的布局。“涂鸦空间”是介绍此次展览的一大亮点，它用平面图形阐述了这次展览的 5 大要素：目标群体、交流渠道、信息资讯、媒体传媒以及广告条列政策。

客户：HOZ Hrvatski oglasni zbor

设计公司：Studio Rašić

设计师：Branimir Sabljić

摄影师：amir Fabijanić, Ante Rašić, Branimir Sabljić

MEDIJI
medium
METODE / KANALI
KOMUNIKACIJE
methods of communication
PORUKE / ZNAČE
messages / significations

MEDIJI
medium
OGLAŠAVANJE
POLITIKE I
POLITIKA
OGLAŠAVANJA
advertising politics
and the politics of advertising

METODE / KANALI
KOMUNIKACIJE
methods of communication

CILJANE SKUPINE
target groups

OGLAŠAVANJE
POLITIKE I
POLITIKA
OGLAŠAVANJA
advertising politics
and the politics of advertising
UVJERAVANJA

CILJANE SK
target groups

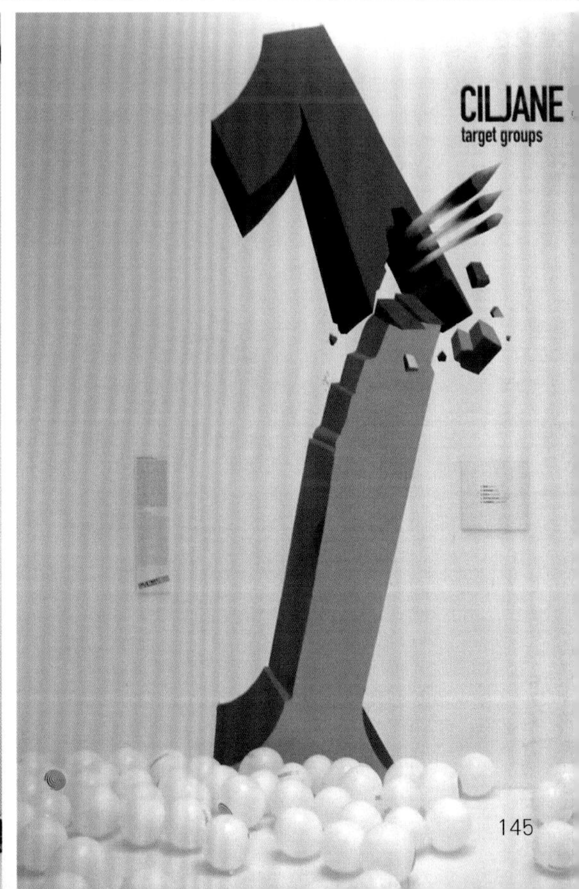
CILJANE
target groups

Pokobar’广告公司室内设计

南斯拉夫萨格勒布市区，一座面积为 180 平方米的公寓要被改造为三家姐妹公司的办公室。由于室内的房间要根据功能来区分，设计师最终决定用字体图形确切地标示出每间房的功能所在，于是就在每间房的墙壁灯醒目处做了标识。

客户：Pokobar advertising agency
设计公司：Typotecture.net
设计师：Branimir Sabljić
摄影师：Branimir Sabljić

office
room

office
room

hall

meeting
ROOM

meeting
ROOM

BOK

odvojenim
PRIKUPLJANJEM
PAPIRA

room
office

办公楼大厅设计

设计师为 Zavrtnica 商务中心一楼进行了室内设计。为了符合整栋楼的视觉特性，设计师坚持以黑黄色作为图形主题色彩，以黑白色作为字体主题色彩。

客户：B.M.V. engeneering
设计公司：Typotecture.net
设计师： Branimir Sabljić，Krešimir Stanić
摄影师：Branimir Sabljić

Pauza

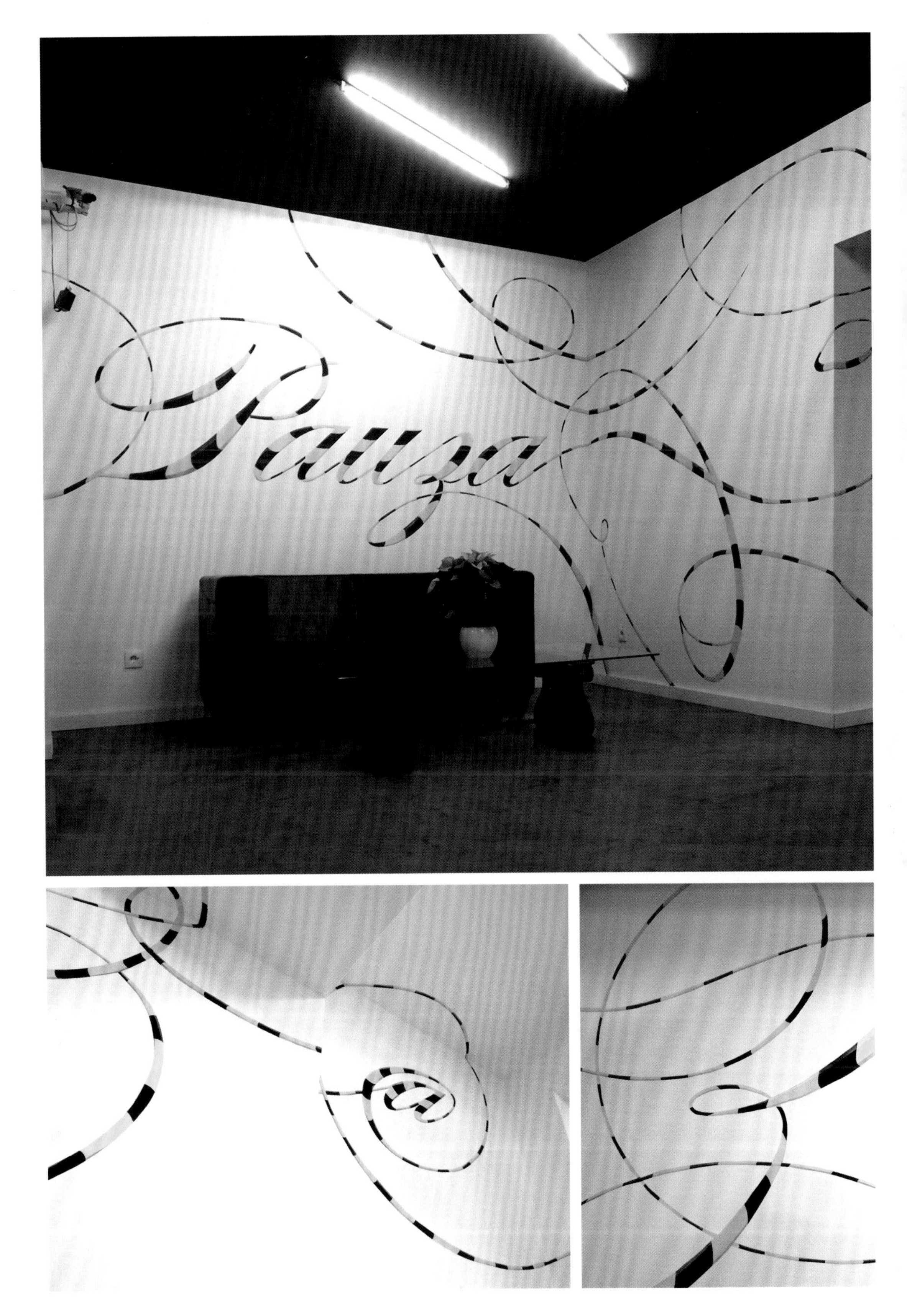
Pauza

Fraunhofer葡萄牙办公室

Fraunhofer Portugal是非营利私营研究协会，隶属于欧洲最著名的应用科学研究机构 Fraunhofer-Gesellschaft 协会。虽然公众并不熟悉该组织协会，但是它却负责许多与日常生活息息相关的事物，例如mp3文件格式以及办公空间研究上的众多优势信息。

Pedra Silva Architects负责设计 Fraunhofer Portugal位于葡萄波尔图大学科技园（UPTEC）内的办公空间。依据 Fraunhofer 的创新哲学理念，设计师们设计的空间简约、积极、充满活力、并且融入了源于斯图加特 Frauhnofer 创新中心先进的办公理念。

此办公空间占据新建成的UPTEC大厦中的两层，共1660平方米的空间。所有区域沿玻璃幕墙旁的通道排列分布，这些不同功能和规模空间的差异通过视觉元素统一起来。这种视觉元素遍布在办公空间的各个位置，并通过强烈的色彩和视觉冲击力达成空间的连续性。

设计公司：Pedra Silva Architects
设计师：ugo Ramos, Rita Pais, Jette Fyhn, Dina Castro, André Góis Fernandes, Ricardo Sousa, Bruno Almeida
平面设计：Rita e Joana Coimbra
摄影师：João Morgado

WHERE ARE YOU GOING?
IDEAS
i'm hungry!!

INVENTIONS

BLA

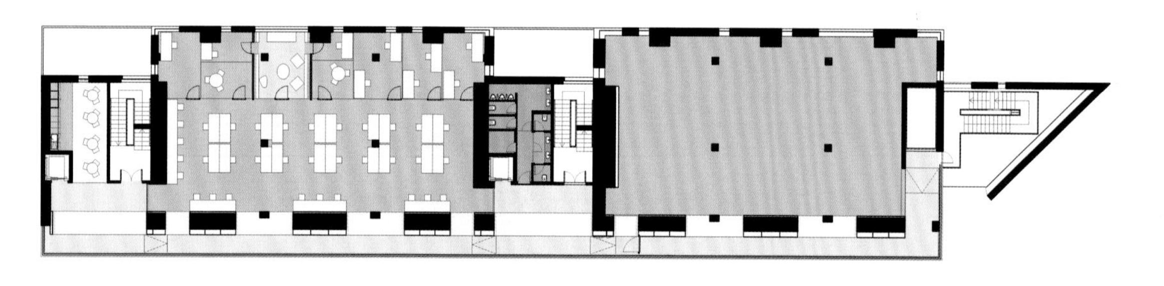

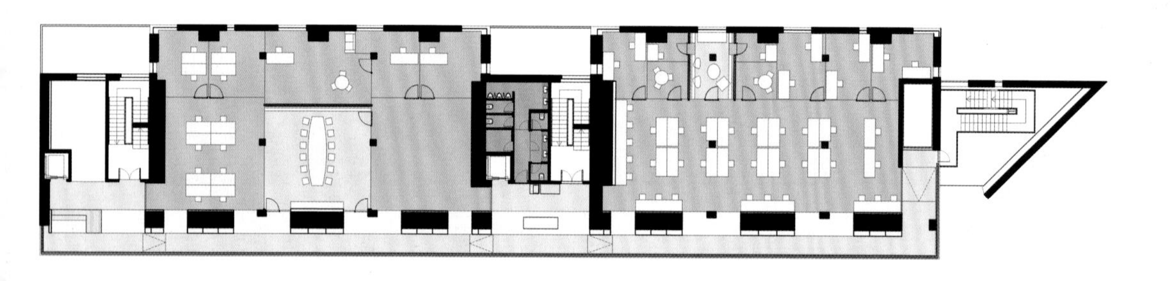

"Space travel is bunk."
Sir Harold Spencer Jones
"Think and do your own thing."
2.07
"Work hard, have fun no drama"
BLA
BLA

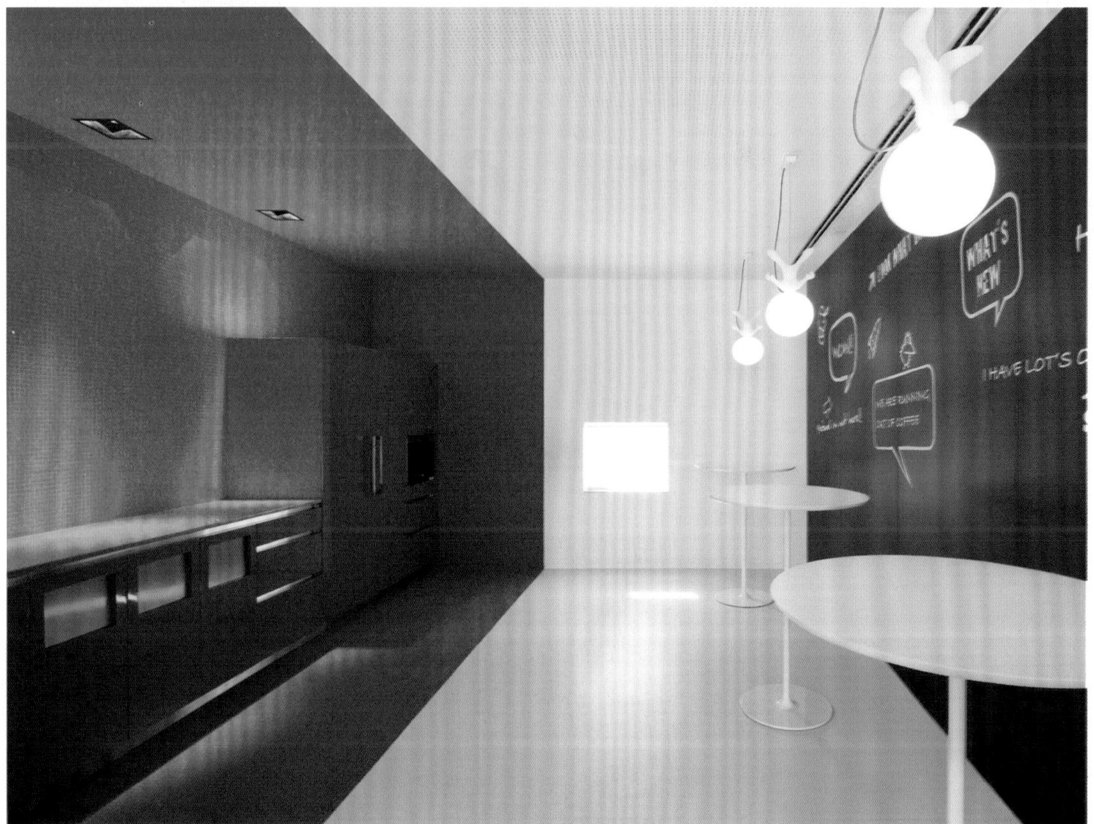
WHAT'S NEW
NOW!
WE ARE RUNNING OUT OF COFFEE

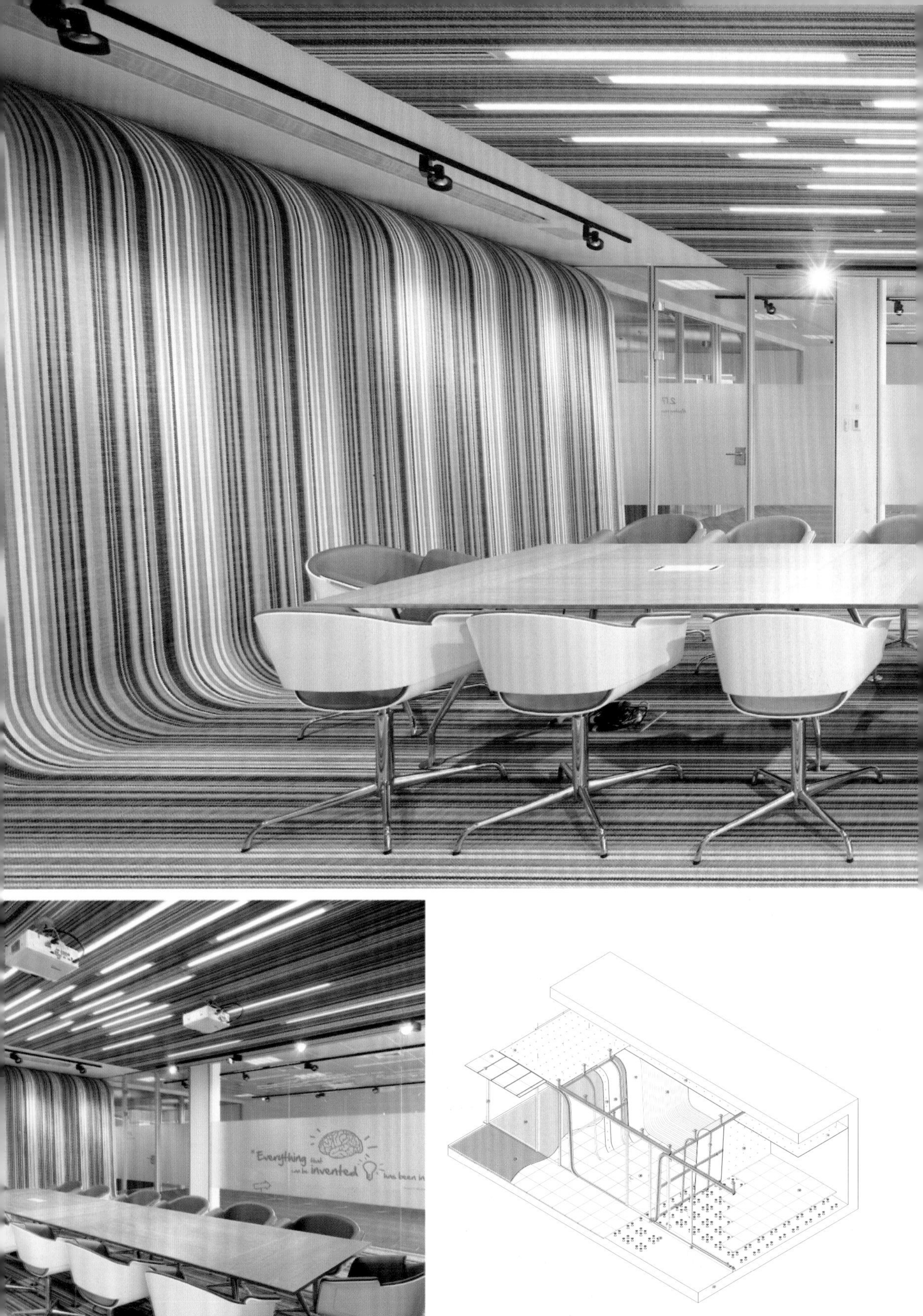
"Everything
invented

verything that
can be invented
has been invented."

has been invented
"Everything

麦当劳儿童乐园

麦当劳委托UXUS设计公司为7岁以下的儿童设计一个儿童活动区域，并且将"我吃、我做"这一主题融入其中。设计师的设计理念是将灵感、好玩、寓教于乐的目的融入到了这间不足20平方米的空间中。最终，整个项目成为了平面设计的应用空间，这样一来，空间内部显得十分有趣并且让人目不暇接，为前来就餐的大人和小孩营造出猎奇之感。

室内空间被分割成很多个"小农舍"，孩子们的想象力在这里能得到充分的发挥，他们能够"烹饪"出属于自己的小故事和小游戏。

客户：McDonald's Europe

设计公司：UXUS

摄影师：Dim Balsem

McVILLAGE

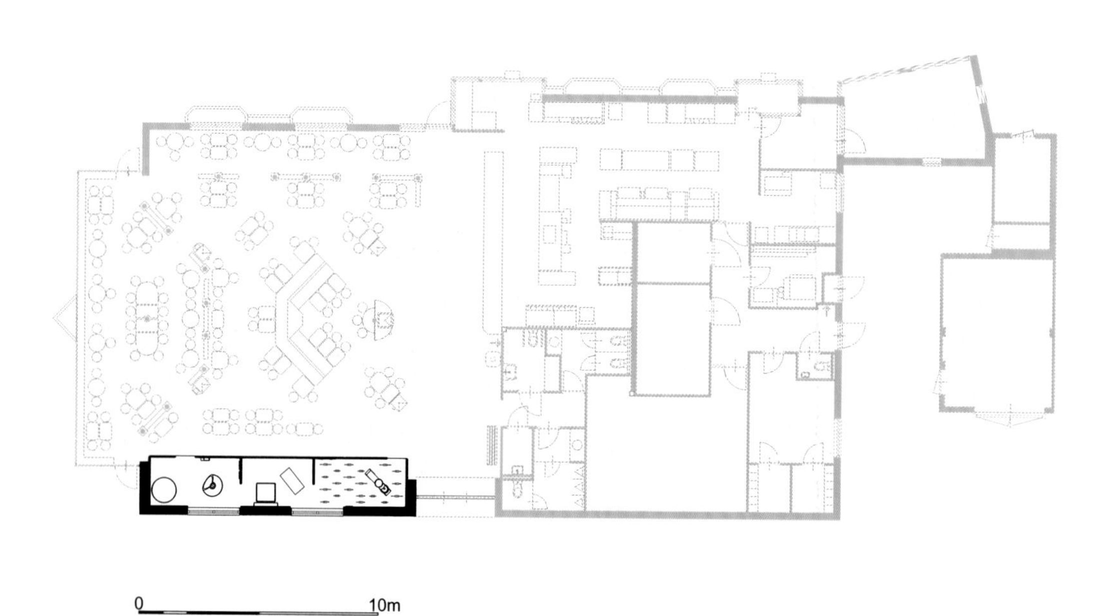
0
10m

McVILLaGe
McVILLaGe

SKIN展览导视设计

P—06 ATELIER 连同建筑师一起为里斯本一家科技博物馆的一项展览创作了标志与环境设计。这个项目主要是针对剧场与门厅的设计。

客户：Ciência Viva
设计公司：P-06 atelier / JLCG arquitetos
设计师：Nuno Gusmão / Giuseppe Greco, Vera Sacchetti, Miguel Matos, Joana Proserpio, Vanda Mota
摄影师：João Morgado

EXPERIMENTAR
POSIÇÕES
PARTICIPAR
CIÊNCIA
EXHIBITIONS

DOING

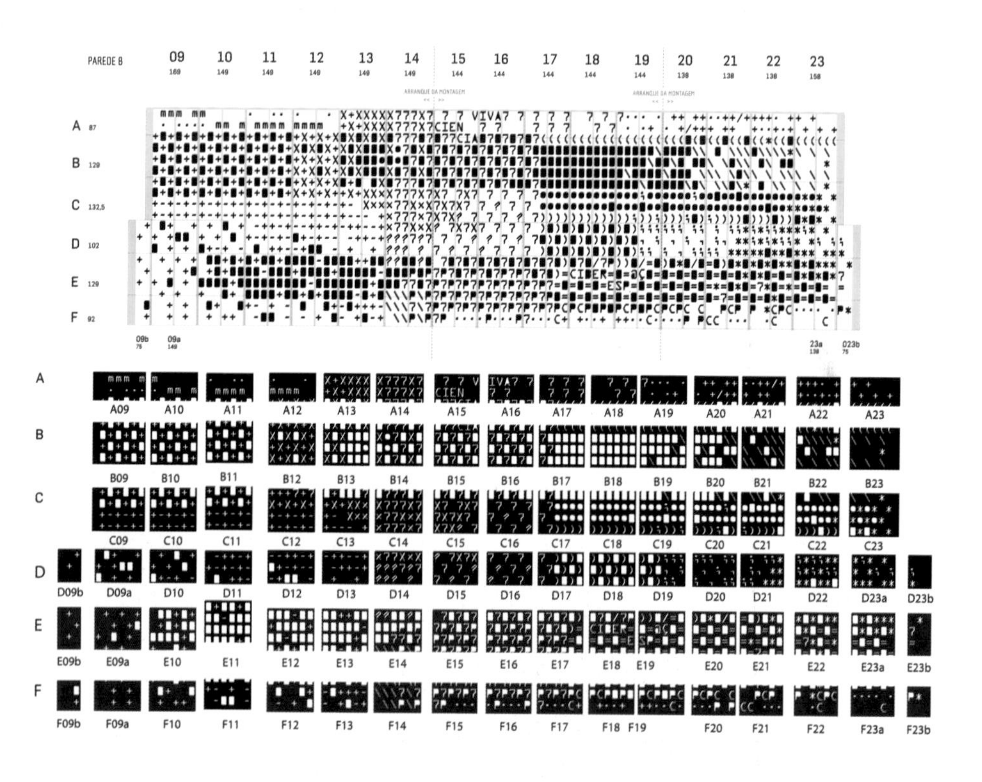
PAREDE B
09 10 11 12 13 14 15 16 17 18 19 20 21 22 23
169 149 149 149 149 149 144 144 144 144 144 138 138 138 158
ARRANQUE DA MONTAGEM
ARRANQUE DA MONTAGEM
A 87
B 129
C 132,5
D 102
E 129
F 92
09b 75
09a 149
23a 138
D23b 75
A09 A10 A11 A12 A13 A14 A15 A16 A17 A18 A19 A20 A21 A22 A23
B09 B10 B11 B12 B13 B14 B15 B16 B17 B18 B19 B20 B21 B22 B23
C09 C10 C11 C12 C13 C14 C15 C16 C17 C18 C19 C20 C21 C22 C23
D09b D09a D10 D11 D12 D13 D14 D15 D16 D17 D18 D19 D20 D21 D22 D23a D23b
E09b E09a E10 E11 E12 E13 E14 E15 E16 E17 E18 E19 E20 E21 E22 E23a E23b
F09b F09a F10 F11 F12 F13 F14 F15 F16 F17 F18 F19 F20 F21 F22 F23a F23b

QUESTIONING
QUESTIONAR
PAVILION OF KNOWLE
FAZER

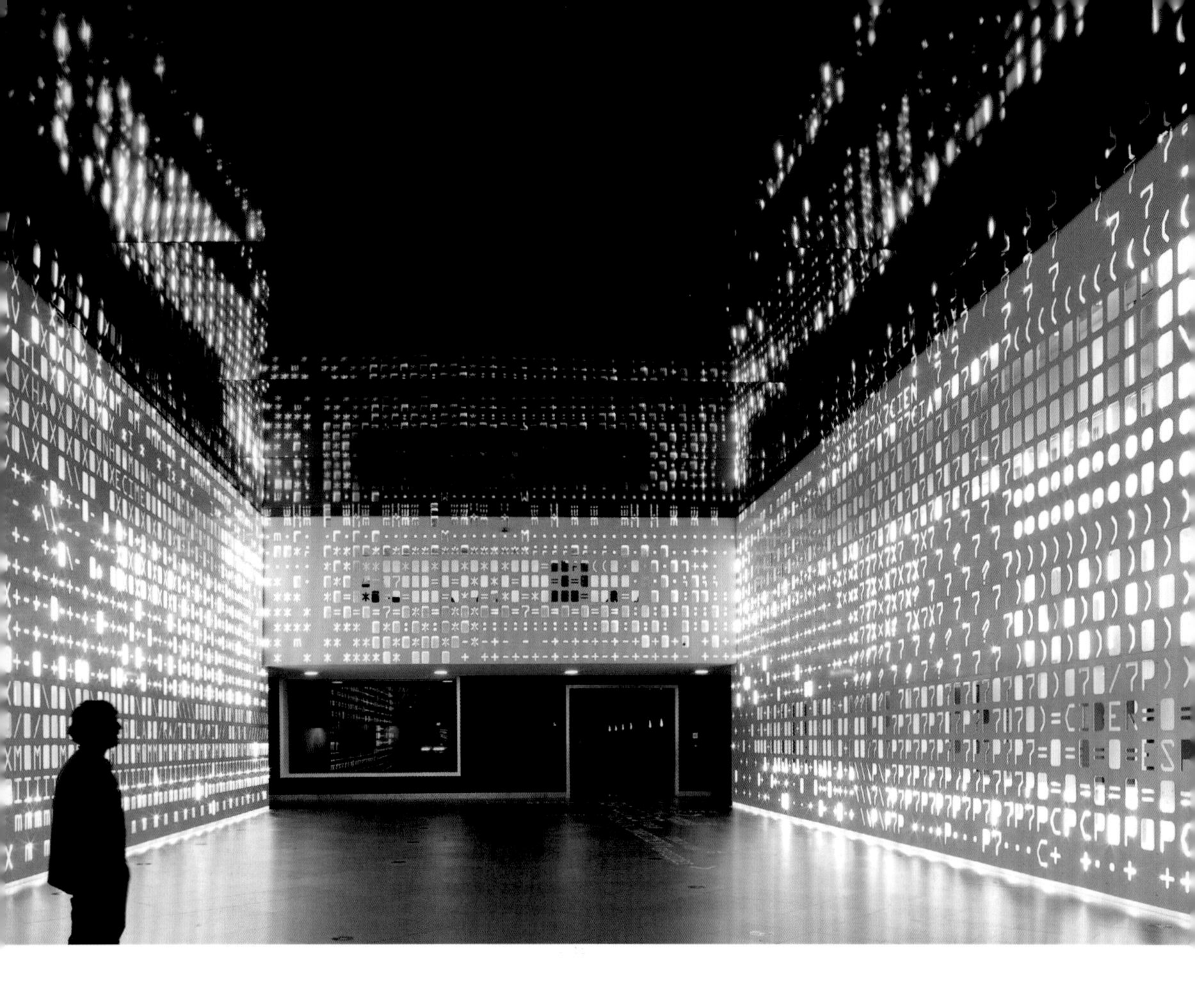

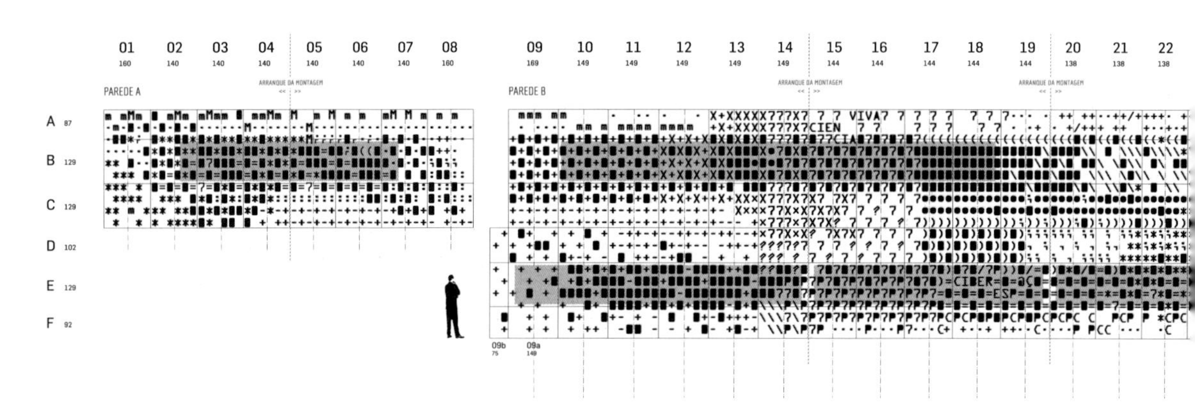

01 160
02 140
03 140
04 140
05 140
06 140
07 140
08 160
PAREDE A
ARRANQUE DA MONTAGEM
09 169
10 149
11 149
12 149
13 149
14 149
15 144
16 144
17 144
18 144
19 144
20 138
21 138
22 138
PAREDE B
ARRANQUE DA MONTAGEM
ARRANQUE DA MONTAGEM
A 87
B 129
C 129
D 102
E 129
F 92
09b 75
09a 140

WC
HOMENS
MULHERES
CRIANÇAS
FRALDÁRIO
01
WC
HOMENS
MULHERES

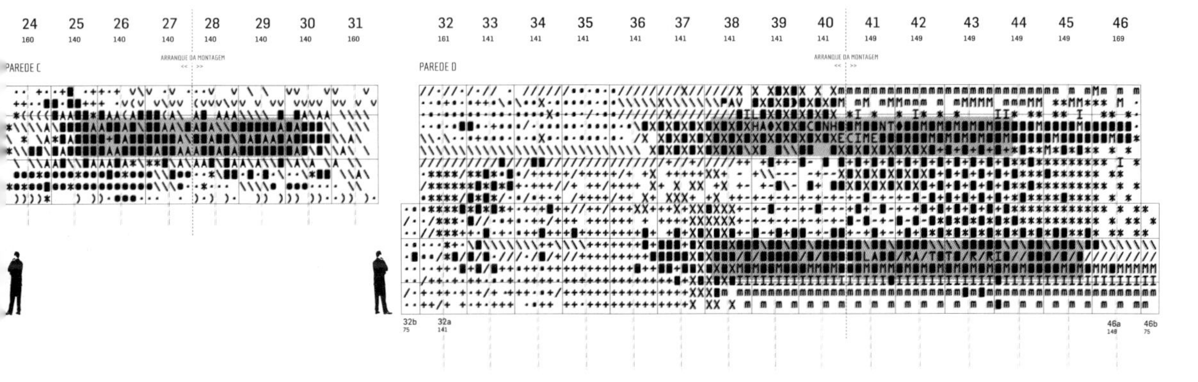
24 25 26 27 28 29 30 31
160 140 140 140 140 140 140 160
ARRANQUE DA MONTAGEM
PAREDE C
32 33 34 35 36 37 38 39 40 41 42 43 44 45 46
161 141 141 141 141 141 141 141 141 149 149 149 149 149 169
ARRANQUE DA MONTAGEM
PAREDE D
32b 32a 46a 46b
75 141 148 75

联合利华瑞士沙夫豪森办事处

联合利华的新办公室希望体现标准的雅乐居工作模式：在工作和员工的身心健康发展中取得平衡。

工作区布局的中心是一个开放的交通枢纽区域，也是视觉的中心。人们在这里可以很容易找到自己想去的地方。开放的办公空间反映了相互信任和尊重的人际关系以及公平的工作环境。

这里不仅有安静的图书馆区域和花园区域，能够增强员工的幸福感，而且还有充满活力的酒吧区域，可以增进员工之间的交流，也有利于在忙碌的工作之余得到放松。

客户：Unilever Supply Chain Company AG
设计公司：Camenzind Evolution AG
设计师：Stefan Camenzind，Tanya Ruegg，Silke Ebner，Claudia Berkefeld，Christina Weiss
摄影师：Peter Wurmli

GARDEN

Advance towards our new vision.

culture that

实验室大楼导识设计

设计师将一些化学元素和公式转化为平面设计图形运用于此项目的环境导识设计之中。在一楼的实验室中，这些图形被大范围地应用到各个区域之中，但又不会让人难以辨认。有些墙面被涂以各种各样的色彩以增强整个环境的视觉效果。而在地下停车场，蓝色通常只出现在司机开车经过的墙面，既为他们指明了方向、又不失美观。

客户：EPAL

设计公司：P-06 atelier / Gonçalo Byrne arquitectos

设计师：Nuno Gusmão, Pedro Anjos / Mário Videira, Joana Gala

摄影师：Ricardo Gonçalves, João Morgado

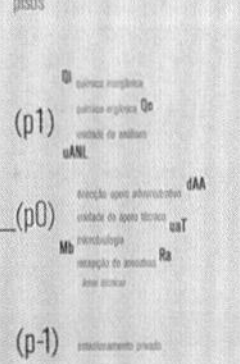

Lab C

EPAL

Laboratório Central

02 balanças
01
Q
química orgânica
07
zona
10
09

QO
07
zona

Qi
1.06.01
responsável ANL
1.06.02
macroelementos I
1.06.03
macroelementos II
1.06.04
metais - espectrometria de massa
1.06.05
metais - absorção atómica
1.06.06
metais - espectrometria de emissão
1.06.07
metais - preparação de amostras
1.06.08
parâmetros físico químicos
1.06.09
parâmetros complementares
1.06.10
preparação de material
1.06.11
balanças
1.06.12
matrizes complementares - preparação de material
1.06.13
matrizes complementares - parâmetros físico químicos
1.06.14
metais - matrizes complementares
1.06.15
COT/NT
1.03.01
coordenação Qi
zona 06
química inorgânica

Anexo Técnico

Appidemia.com公司办公空间

Appidemia.com是一家开发手机应用程序的公司，设计师受邀为其进行办公室内设计。此项目的出彩之处在于墙面上的平面图形和插画，这些图画反映出整个公司的工作氛围，使员工在工作之余看到画作顿生贴切之感，愉悦了员工的心情。

客户：Appidemia.com
设计公司：Appricot
设计师：Nina Radenkovic
摄影师：Nina Radenkovic

NEWS

THE
IS

ST WAY TO
DICT THE
TURE
NT IT.
appric

KRUPS

appricol

appricot

Beehives & Buzzcuts儿童美发沙龙

Beehives & Buzzcuts是纽约一家专业的儿童美发沙龙。这个内部重装项目使得这家面积3000平方英尺的店面变得更加生动有趣、多姿多彩。这个美发沙龙内部还有一个活动区域和一个零售店。由于店主有将"大自然的气息"放入店内的强烈愿望，设计师最终在店内创造了动植物相结合的插画墙面。

设计公司：Andrea Mason / Architect
设计师：Andrea Mason
摄影师：Mikiko Kikuyama

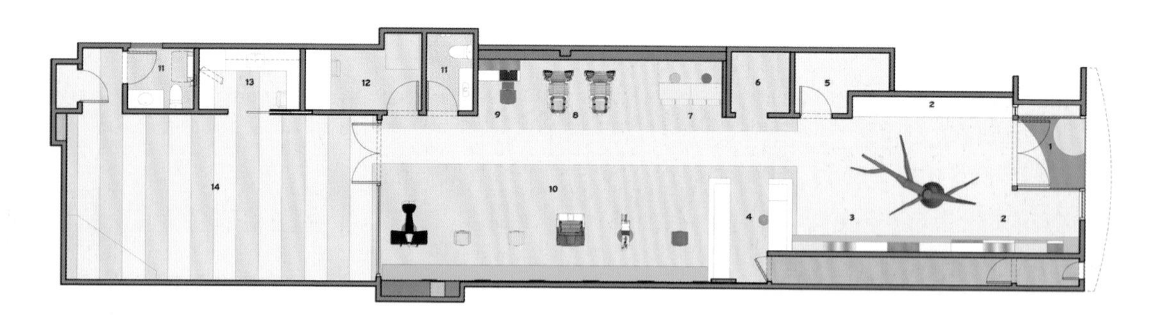
11
13
12
11
6
5
9
8
7
2
1
14
10
4
3
2

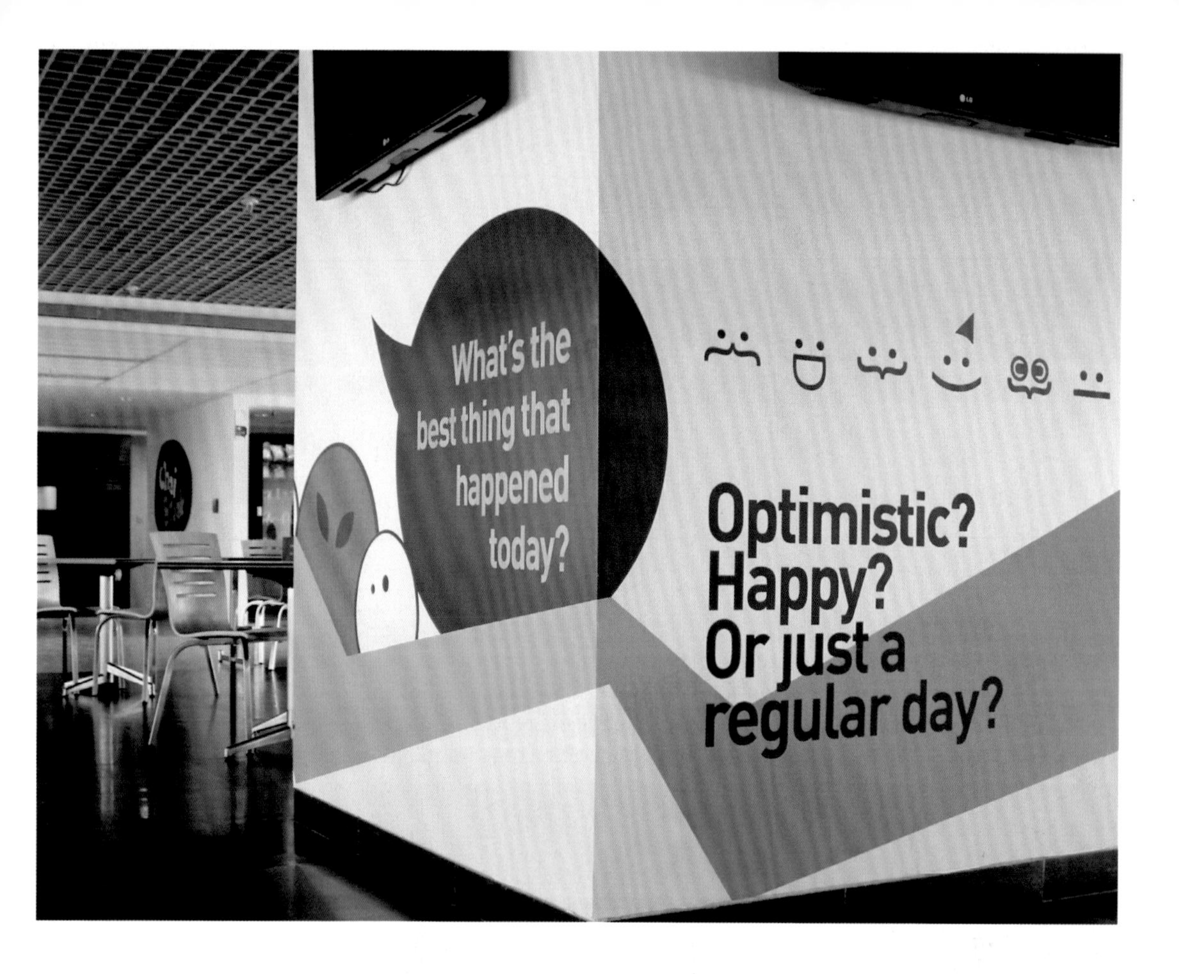

Chai Break咖啡厅

Edelweiss 决定将自己旗下的咖啡馆命名为 Edelweiss House，于是请设计师为其构建设计与品牌商标相符的视觉系统。

设计师受到 Edelweiss 企业文化的影响，创造了一个能使其充分表达自己文化的形象系统以及室内空间。

客户：Edelweiss House
设计公司：Leaf Design Pvt. Ltd.
设计师：Taruna Verma, Anuja Selva, Sandeep Ozarde

Chai Break
I can understand
today will be awesome*

Optimistic?
Happy?
Or just a
regular day

"So, is the world getting any greener?"
?

Aren't SUPERHEROES having a phenomenal year ?
Chai Break

“So, is the world getting
any greener?”

Where no
man has
ever gone
before

It's simplicity
that makes things
beautiful*
yup.

today
will be
awesome*

Where no man
has ever
gone before!
e

Aren't
SUPERHEROES
having a
phenomenal
year ?
?

"THOUSANDS
OF CONVERSATIONS
ARE AWAITING YOU"

today
will be
awesome*

Edelweiss House办公室设计

Edelweiss House公司的核心理念是“创意思维，价值保护”，这不仅是企业的精神所在，更是设计师为其创造办公空间时的灵感之所在。折纸能创造出千万种造型，同时也昭示着不同的人群能创造出不同的价值体系，因此，独特的日本折纸被用于这座办公室的室内设计之中。

客户：Edelweiss House
设计公司：Leaf Design Pvt. Ltd.
设计师：Taruna Verma, Tanvi Dalal, Sandeep Ozarde

B2
B2

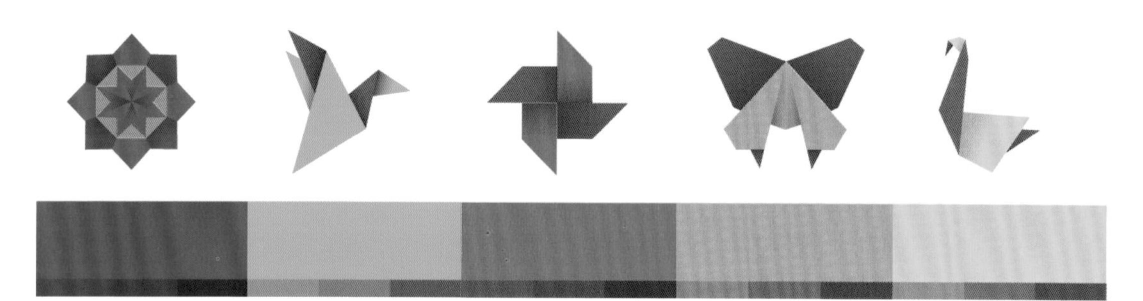

Edelweiss
Financial Advisors
Finance &
Accounts
Governance
Housing Finance
South
North

Lanco集团办公室

在 Lanco 集团，人们经常交流各自的灵感与想法，这成为设计师创造平面图像装饰其办公室的主要原因。这些图形保持连贯，彼此之间自由组合在一起，预示着人们之间互相学习、互相成长以及进行灵感交流。

客户：Lanco Group
设计公司：Leaf Design Pvt. Ltd.
设计师：Saurabh Sethi, Unnati Mehta, Sumit Patel

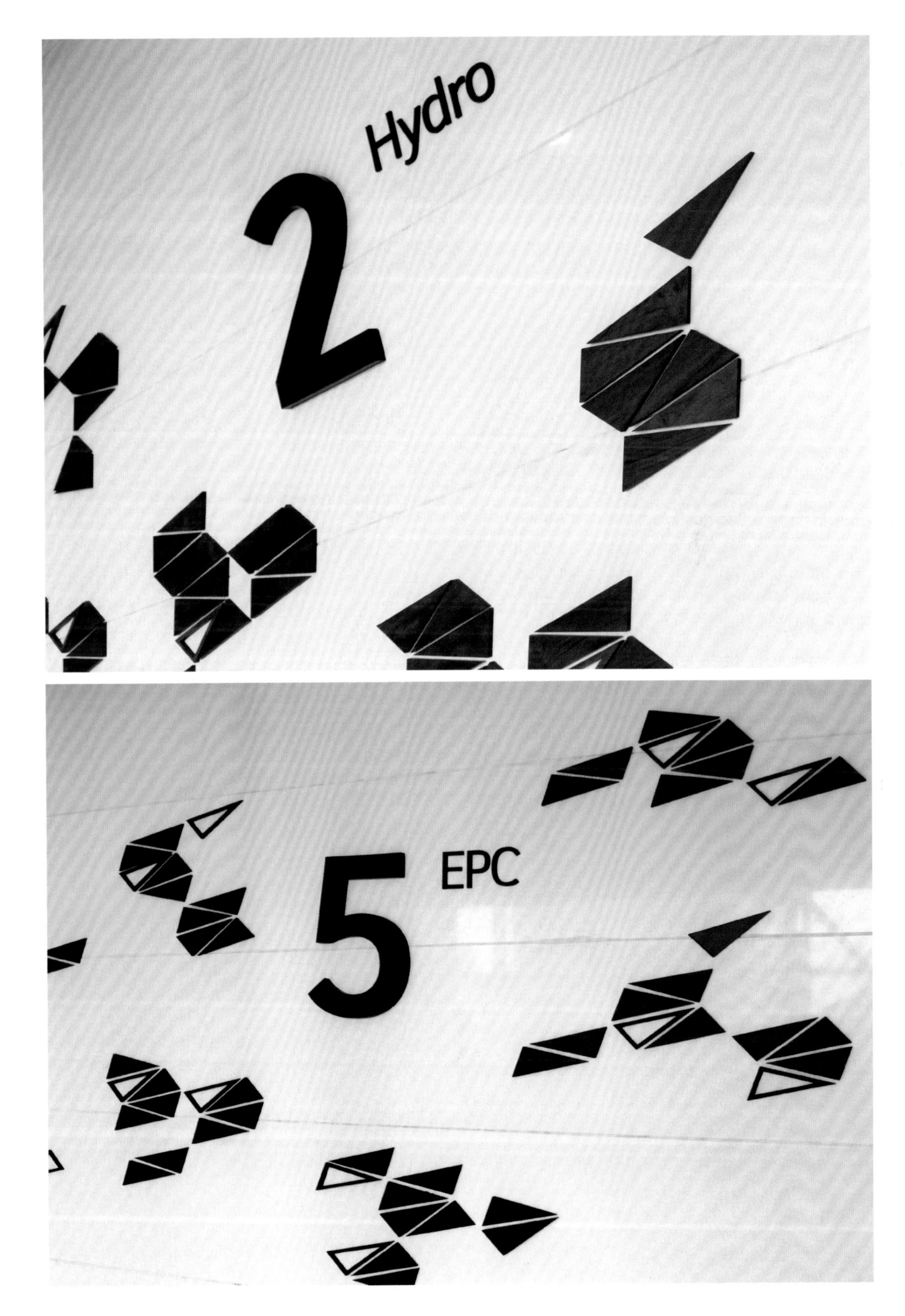
Hydro
2
5
EPC

Brig. Shivinder Singh Sirohi

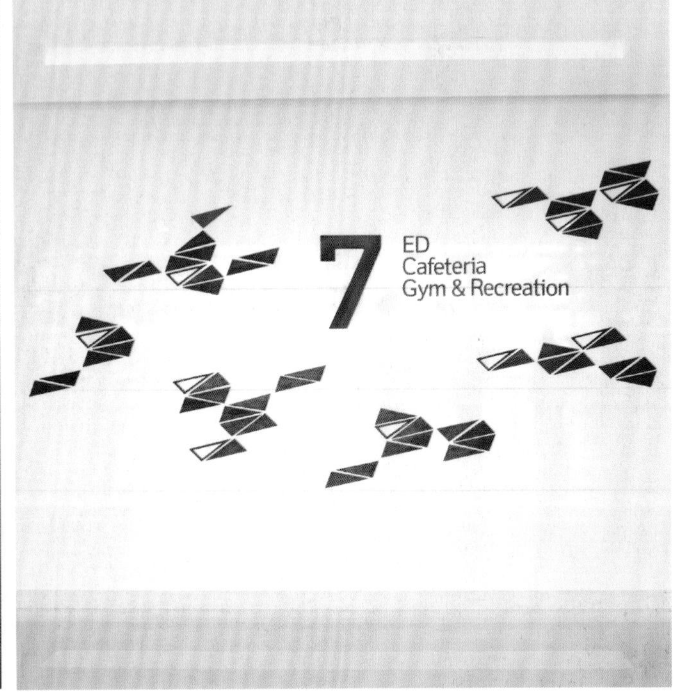
7
ED
Cafeteria
Gym & Recreation

Challenge the
Mind
Strive for
progress
not perfection

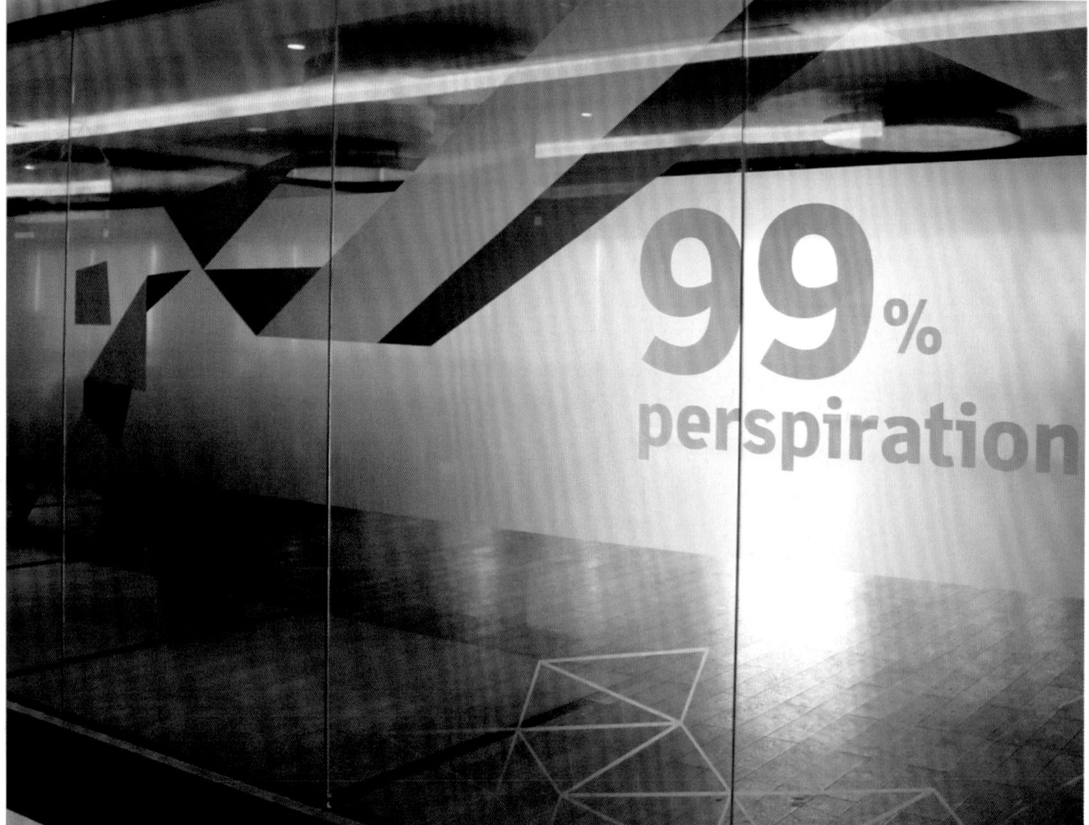
99%
perspiration

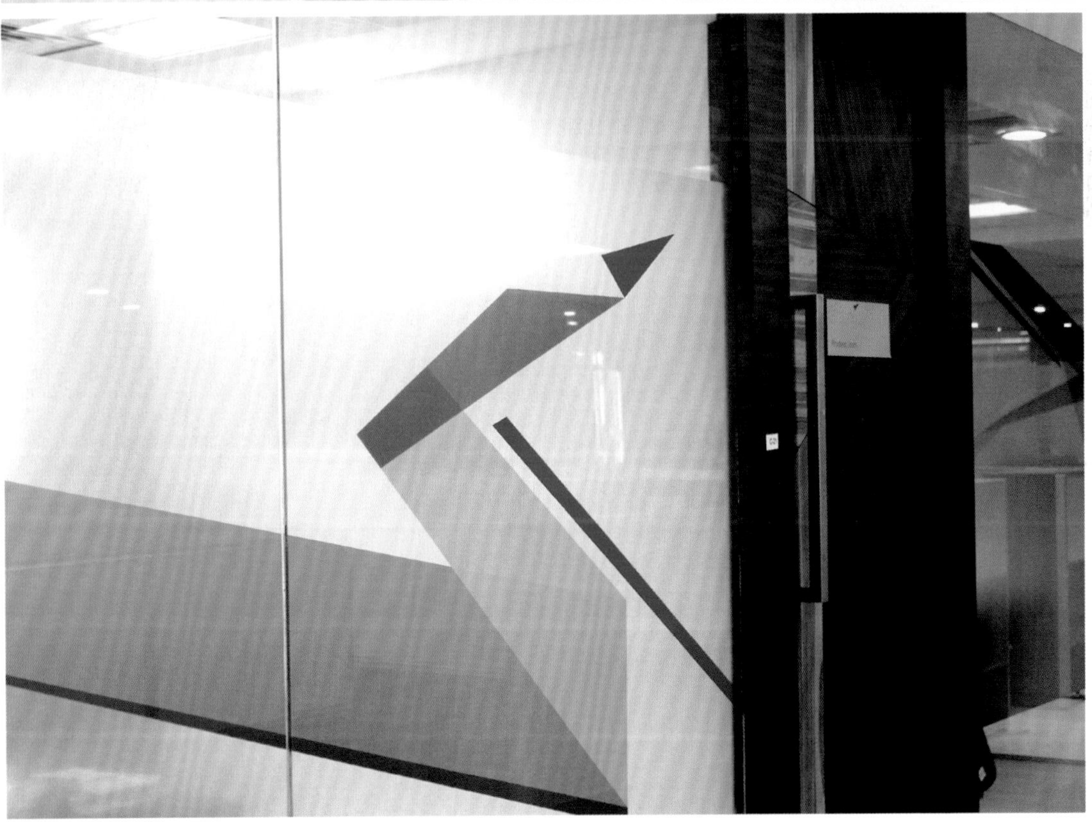

Rico On Hair!美发沙龙

对于 Rico 美发品牌来说，一项较大的挑战就是使位于购物中心内部的美发店吸引更多的新客人。新店的地址位置、缩小的店面空间以及制定好的预算等，对于店面的室内设计来说都非常不利。这个空间区域经过设计师理性的分割以及大胆的设计，强烈地突出了 Rico 美发品牌的特点，使其成为城市中最受欢迎的美发场所。

客户：Lanco Group
设计公司：Studiounodesign
设计师：Gabriele Bartolomeo & Simone Nuti
摄影师：Luca Silvi

RICO
ON HAIR!

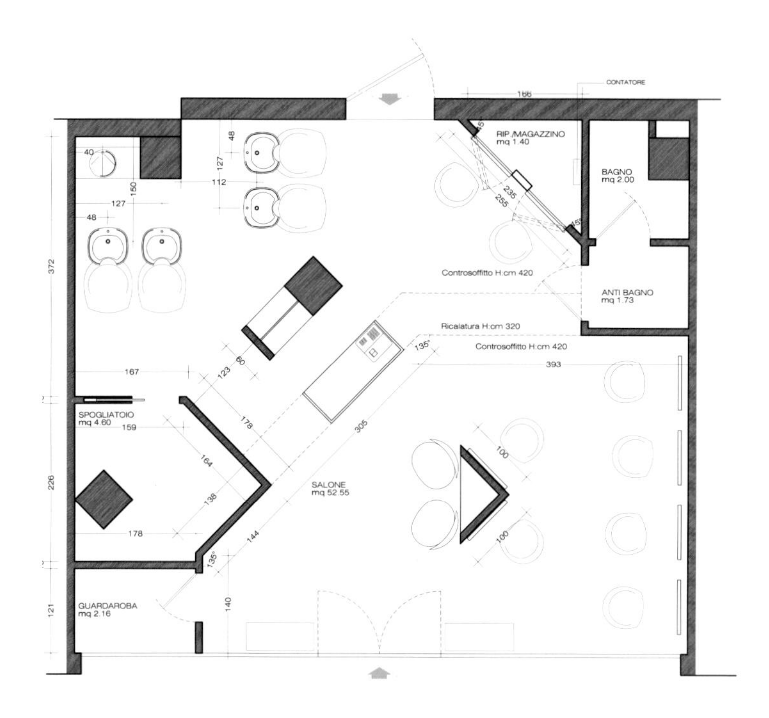
CONTATORE
RIP./MAGAZZINO
mq 1.40
BAGNO
mq 2.00
ANTI BAGNO
mq 1.73
Controsoffitto H:cm 420
Ricalatura H:cm 320
Controsoffitto H:cm 420
SPOGLIATOIO
mq 4.60
SALONE
mq 52.55
GUARDAROBA
mq 2.16

RICO
H !

RICO
H !

Starlit教育中心

Starlit 教育中心为一所通过表演艺术培育孩子表达能力的教育中心，对象为 2 至 6 岁儿童，整个设计概念旨在为孩子打造一个宽敞而轻松的学习环境，有助学校充分实践其教学理念——让孩子发挥潜藏能量，大放异彩！三大设计元素如下：圆形——是儿童最为熟识的形状，圆形在幼儿成长过程中扮演着重要角色，其圆滑的边线让孩子感到无比的安全及备受保护。色彩——平衡且和谐的色调，营造出愉快、欢欣及兴奋的心情。秘密空间——孩子喜欢历险，更喜爱探索新事物，特意以孩子比例设计的秘密空间及神秘楼阁成为孩子捉迷藏（hide & seek）的领域，Z 形设计（zig-zag）的走廊变成有趣的通道，让孩子尽情探索。

客户：Starlit Learning Centre
设计公司：THE XSS LIMITED
设计师：CATHERINE CHEUNG
摄影师：Catherine Cheung, Joe Chan, Eddie Yeung

Sybase软件公司

Sybase 是一家软件公司，主要业务是管理、分析和维护数据。Leaf Design 设计公司受邀为其设计了整个全新的办公室空间，他们面临的挑战是将品牌形象完美地应用于室内环境中。

在此次项目的空间设计中，设计师投入了极大的热情。能为高科技性质的公司设计办公室，对他们来说非常荣幸。设计师将 Sybase 公司办公室空间视为他们设计工作的一个重要里程碑，充分表现了 Sybase 公司的企业价值。在这里，简单干净的室内环境与动态视觉效果相辅相成，达到完美统一。蓝色、橙色、绿色等色彩的运用也是此项目设计的一大亮点。

客户：Sybase, An SAP Company

设计公司：Leaf Design Pvt. Ltd.

设计师：Surashree Sathaye, Sandeep Ozarde

What is reading,
but silent conversation.

The vision of the Unwired Enterprise is to enable business -critical information to be securely moved back and forth from the data center to end device, and delivered to the right person, anytime, anywhere.

PRACTICE
COMPETE
CONCENTRATE
OBSERVE
GOAL
SCORE
BOUNDARY
OBSTACLES
Play it the
Way You Feel!

THE XSS总部

THE XSS 总部设计创新，从纵线条和几何形状多角度的透视点出发，地毯与天花板的图案也经过了精心的安排设计，从而产生了一种视觉冲击感。

会议室位于公司中心位置，这里作为整个公司的核心，员工在这里畅所欲言，相互交流。

办公室中的每个房间都按一个主题来设计，包括空气、水、火以及土，与之相关的色彩和文字都体现在了房间的墙面上。整个空间为人们带来了积极乐观的视觉感受。

客户：THE XSS HOLDINGS LTD
设计公司：THE XSS LIMITED
设计师：CATHERINE CHEUNG
摄影师：Eddie Yeung

STILL. IT IS THE QUIET BE-
TWEEN ACTIVITIES. IT IS
WINTER AND MIDNIGHT
AND DARKNESS. IT IS
FERTILE AND FULL OF PO-
TENTIAL. IT IS THE POWER
OF BODILY SENSATION
AND THE PRACTICE OF
COMMUNITY.

ERTILE AND FULL OF PO-
ENTIAL. IT IS THE POWER
AND THE PRACTICE OF

TO THE
ING RELAT
OF THE MIN
WAY YOUR
POSITIVE
R IS ASSOC
CONNE

AIR
ELEMENTS OF LIFE :
AIR
WATER
FIRE
EARTH
COMMUNICATION, WISDOM OR THE POWERS
IS THE ELEMENT TO FOCUS ON. AIR CARRIES AI
TROUBLES, BLOWS AWAY STRIFE, AND CARRIES
THOUGHTS TO THOSE WHO ARE FAR AWAY.
WITH THE COLORS YELLOW AND WHITE, AND
TAROT SUIT OF SWORDS.

AIR
ELEMENTS
OF LIFE :
AIR
WATER
FIRE
EARTH
TAROT SUIT OF SWORDS

WATER IS ASSOCIATED WITH THE COLOR BLUE.

FIRE

Viacom 18公司办公室

Viacom 18 传媒集团邀请 Leaf Design 设计师事务所为其打造品牌环境空间。在这个“自由发挥”设计创作的平台基础上，设计师将其定位为“想象者”，在这里，人们很容易受到室内开放环境的启发。

借助于独特的平面设计语言，整个空间主题为生活和工作带来了无穷的想象力，使人们跳脱出平常的思维模式，得到更多更新的灵感。

客户：Viacom 18
设计公司：Leaf Design Pvt. Ltd.
设计师：Saurabh Sethi, Sumit Patel
摄影师：Eddie Yeung

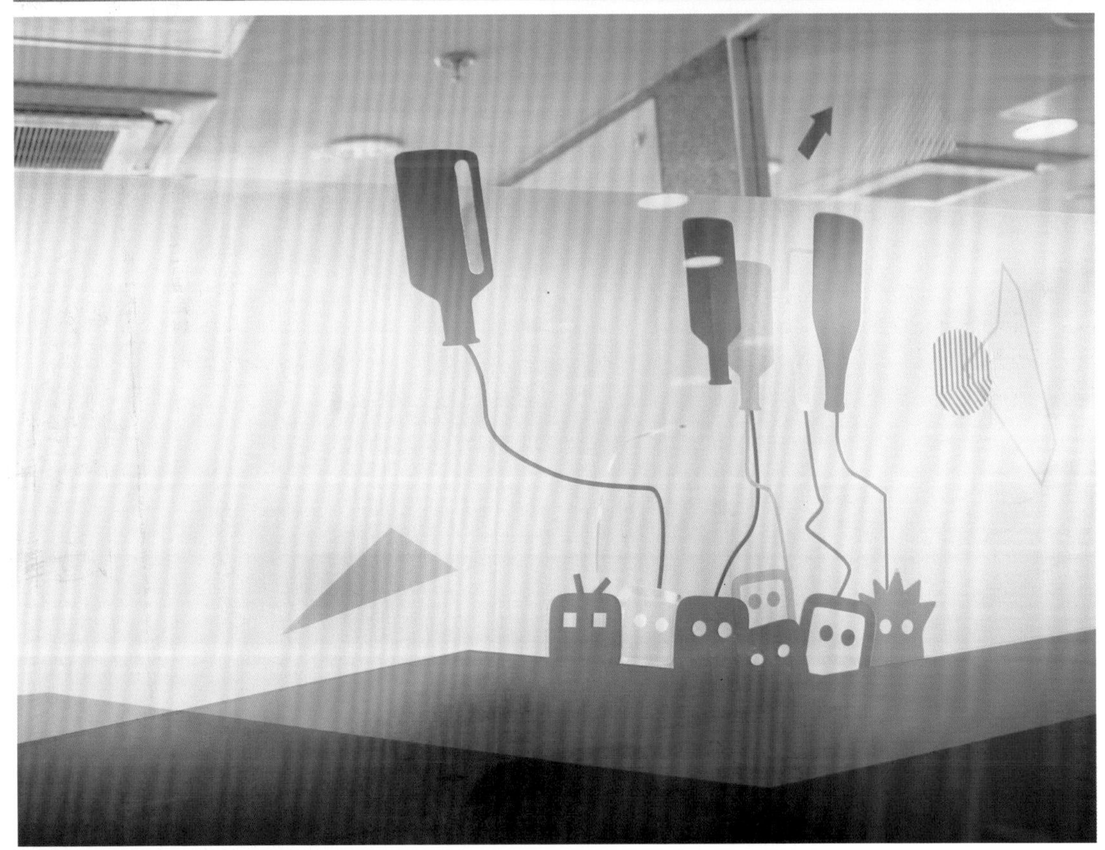

THINKING
IS GOOD.
FiNDiNG
OUT IS
BETTÉR.

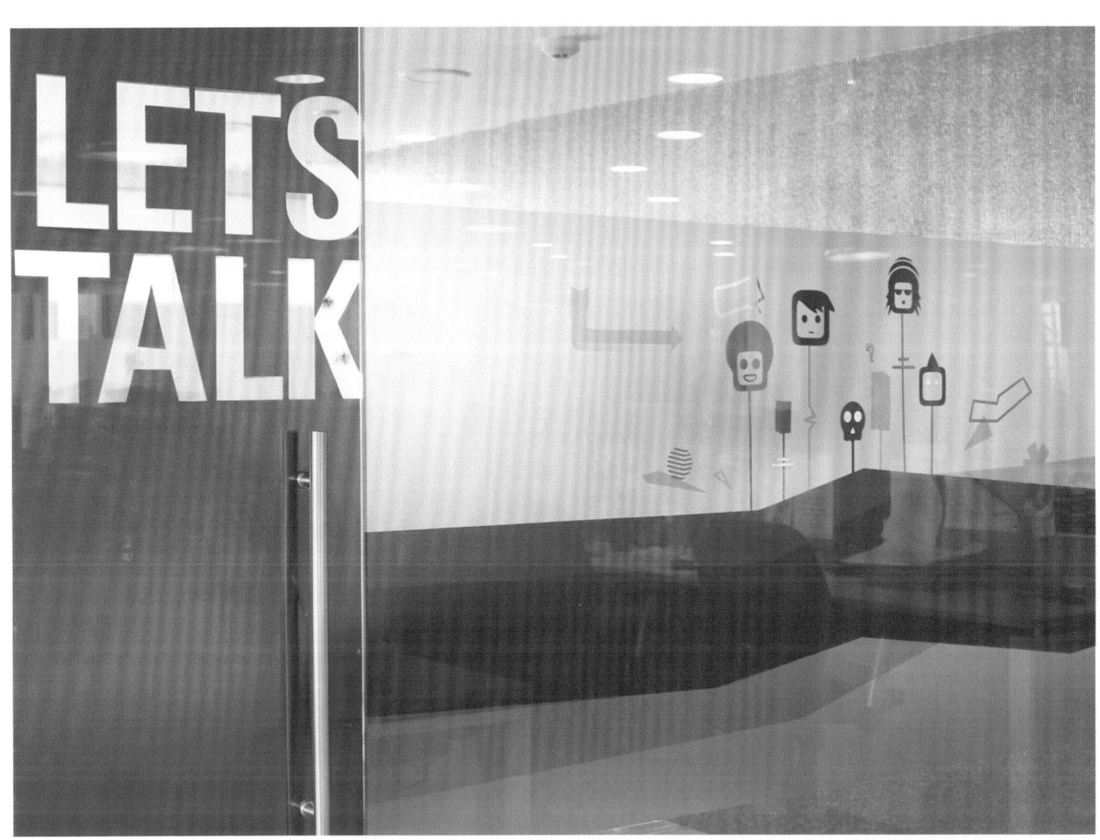
LETS
TALK

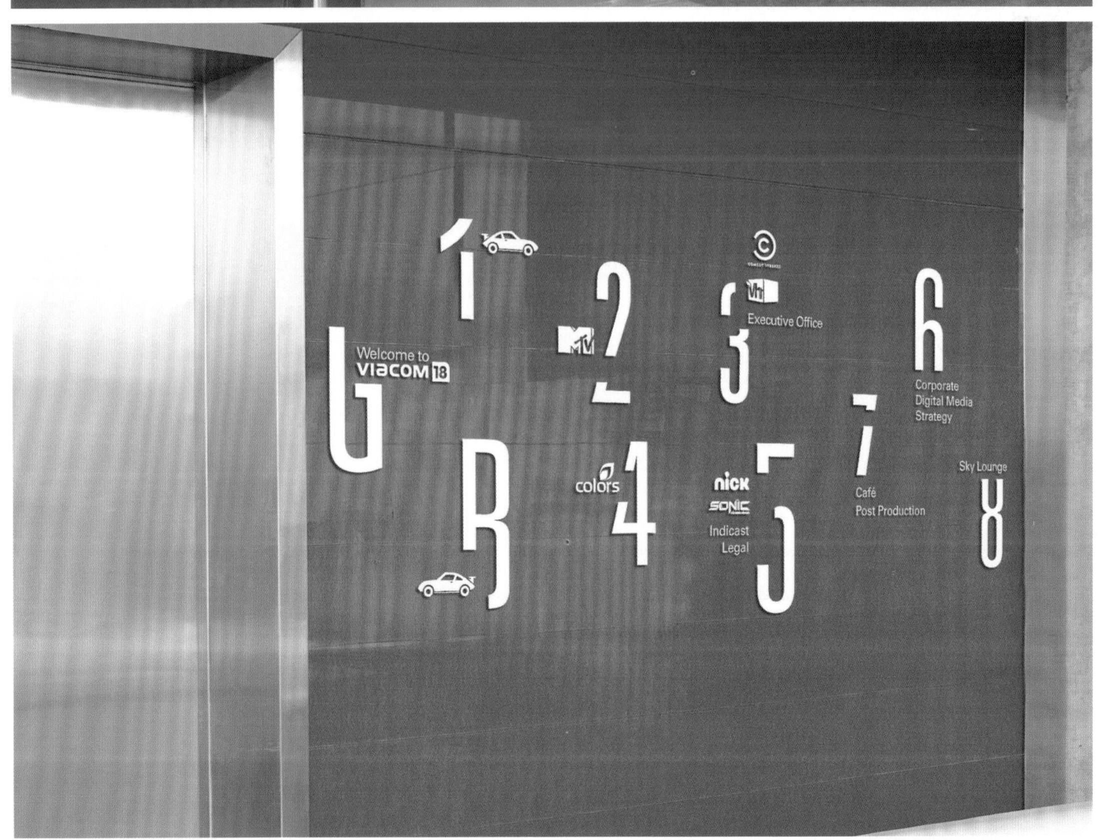
Welcome to
VIACOM 18
Executive Office
Corporate
Digital Media
Strategy
colors
nick
SONIC
Indicast
Legal
Café
Post Production
Sky Lounge

HAR
AADMI
ka DIN ATA
HAI,
tera BHI
AAYEGA

NEVER
DO
THE
SAME
thing
TWICE

STAY
RAW

GOD IS
GR8
BEER 'S
GOOD
PEOPLE
ARE CRAZY

THE POWER
OF Imagination
MAKES US
INFINITE

Clothes Hangar服装店

Clothes Hangar 是一家全新的鞋服及配饰专卖店，也是新西兰航空公司员工的服装体验店，这里为他们提供全新的制服。进入店内，人们都眼前一亮。

付款区域有一个亮粉色的柜台，四周墙面装饰着涂鸦作品，员工被要求在这里用便签写下关于工作方面的经验，以便他人参考，互相交流。

Clothes Hangar 室内设计还获得了一项办公室内环境设计大奖，被很多国际著名的室内设计网站和出版物刊登出来。

客户：Air New Zealand

设计公司：Gascoigne Associates Ltd

摄影师：Katrina Rees，Rebecca Swan

里斯本的CTT旗舰店

位于葡萄牙里斯本的 CTT 旗舰店包裹着巨大的玻璃外墙，室内形成了一座高 3.3 米的环形墙体。设计师充分发挥想象力，在此项目的室内设计中采用柔和的色彩和简单大方的图案突出了商店品牌的特性。

在地面的设计上，设计师采用白色橡胶，与四周墙面的设计形成鲜明的美学对比，增强了室内整体亮度。

圆形的天花板承担着室内照明的任务，开灯之后，光纤打在墙面上，形成红绿蓝等色彩。

设计公司：S3 ARQUITECTOS (Architecture) + Strat

设计师：Bernardo Daupiás Alves & Marco Braizinha

摄影师：FG+SG Fotografia de Arquitectura

Consigo.

CTT. CONSIGO 24H

ctt

Kensiegirl鞋店

布鲁克林设计团队 Sergio Mannino 工作室完成了鞋类品牌 Kensiegirl 的店面设计。

Kensiegirl 店内设计旨在体现其品牌风格：个性、时尚、感性、随意。鞋店采用荧光颜色，并充分利用了最新数字技术，大批量定制墙纸、贴花和激光切割的家具。新的纽约 Kensiegirl 店内设计尝试着将 Kensiegirl 品牌赋予一种别致、可以引起共鸣的怪诞风格。

设计公司：Sergio Mannino Studio
设计师：S.Mannino, F.Scalettaris

kensie girl

EXIT

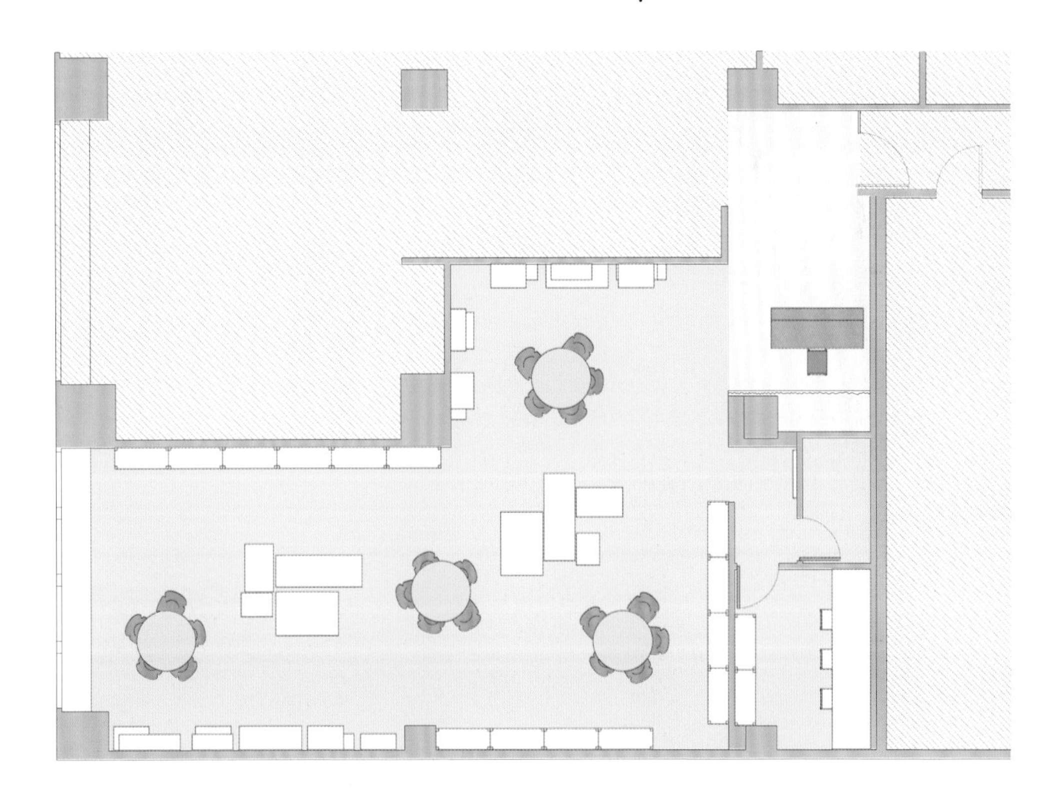

七叶和茶静冈店

在这个项目中，设计师创造了一面特别的窗户，自然光线和路人探究的目光都能通过窗户到达店内。这面窗户的开放性非常强，完全可以拓宽人们的视线。设计师在传统日式窗户的基础上加以改造，终于形成了最初设想的窗户结构。

设计公司：Kazuto Kutami / NANAHA
设计师：MASAHIRO YOSHIDA / JIN HATANAKA/RIYO-TSUHATA KAMITOPEN Architecture-Design Office
摄影师：Keisuke Miyamoto

nana's green tea
nana's green tea

芬兰土尔库公寓室内设计

虽然 Maurizio Giovannoni 是意大利罗马当地的建筑师、室内设计师，但是他仍得到了芬兰一名客户的委托，为其进行公寓的室内设计。在这个案例中，设计师并没有到过公寓现场，但是通过 400 多封邮件的沟通，以及客户远赴罗马亲自面谈商讨室内细节之后，Giovannoni 完美地完成了这个对采光要求较高，并且以木头和简约白色主题的公寓改造项目。其中最令人满意的当之无愧就是家具的配色了。家具搭配自然色系图案的墙纸和彩绘，在达到点缀效果的同时，还营造出了活泼生动的家庭生活环境。

客户：private: writer Juhana Torkki
设计公司：Maurizio Giovannoni
摄影师：Mikko Ala-Peijari

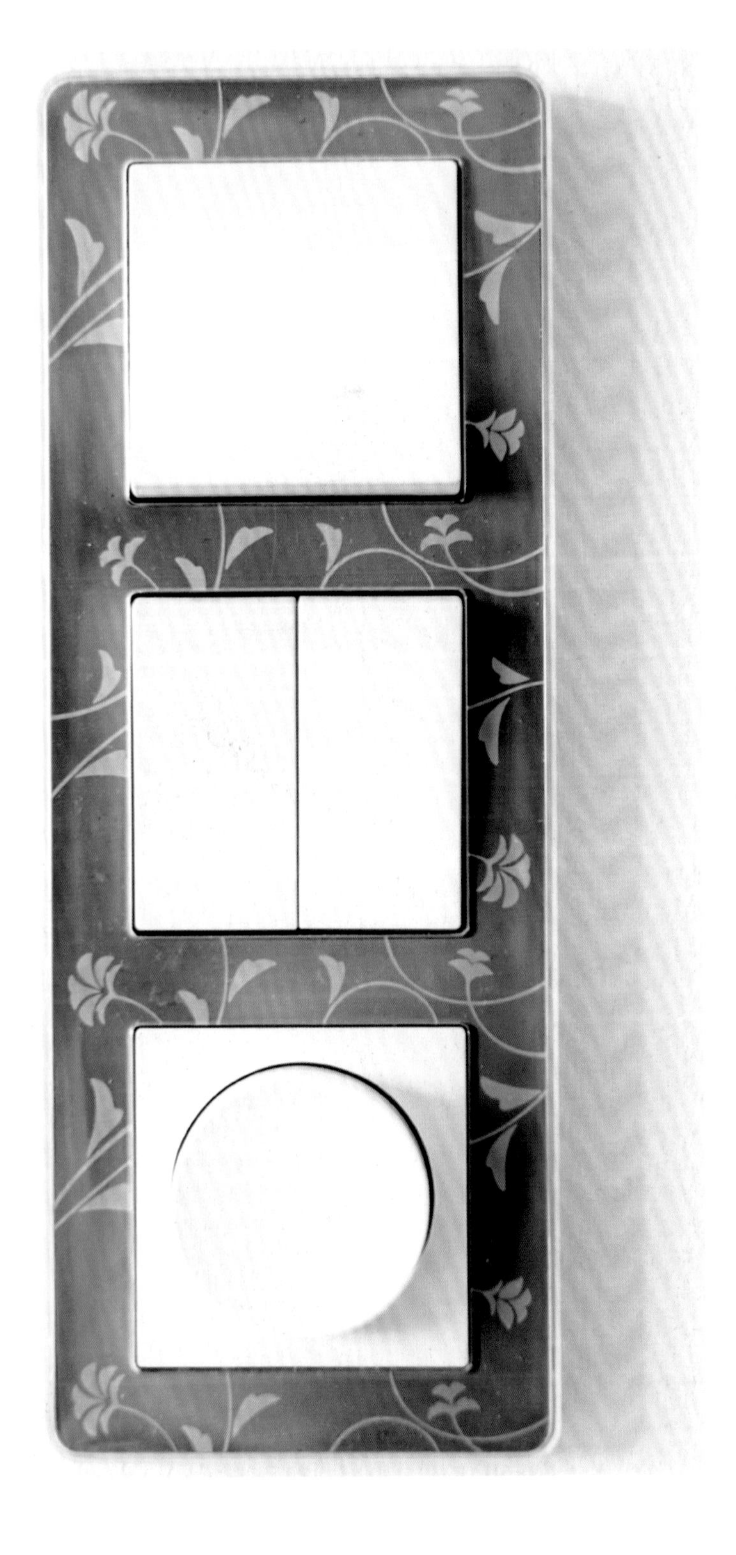

TOIRO多功能空间

该项目由KAMITOPEN建筑事务所设计，位于日本埼玉市，“TOIRO”是可用于展览，活动会议等的多功能出租空间。 这个设施被命名为“junin toiro”，设计的巧妙之处在于每个人带来的“颜色”。漫步在纯白空间中，人的影子被灯光通过加色混合的原理着色。这让整个场所只在有人的时候才有色彩。随着人群聚集，色彩也在汇聚，原本纯白的空间变得色彩斑斓。在不同层和房间，设计师通过运用不同的地板材质来体现空间变化。

客户：Saitama arena
设计公司：KAMITOPEN Architecture-Design Office co.,ltd.
设计师：MASAHIRO YOSHIDA，JIN HATANAKA，RIYO-TSUHATA
摄影师：Keisuke Miyamoto

3
SPACE
TOIRO
5
SPACE
3
TOIRO

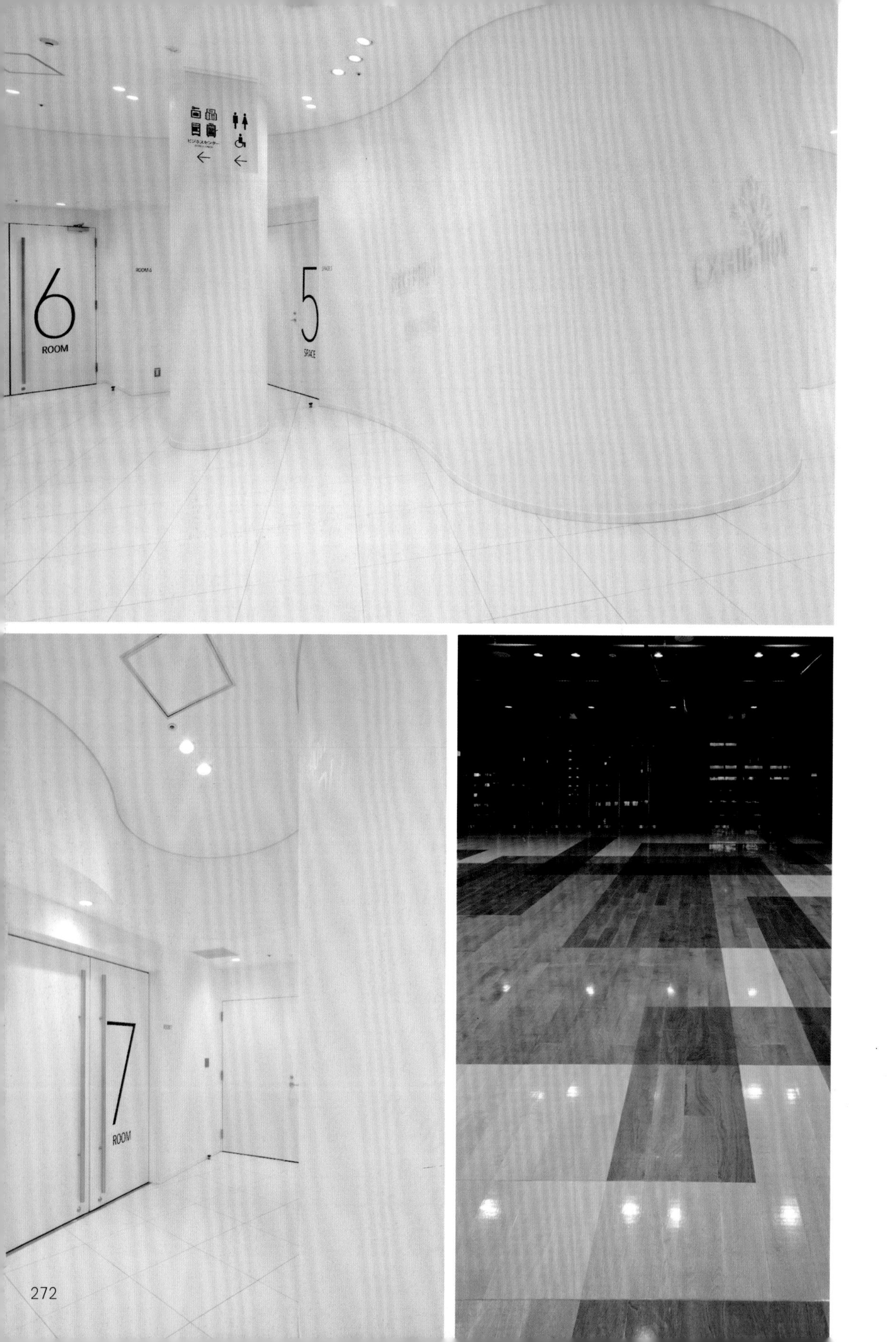
6
ROOM
5
SPACE
7
ROOM